晓君 著

一个人最好的修养,是情绪稳定

北方文艺出版社

图书在版编目（CIP）数据

一个人最好的修养，是情绪稳定 / 晓君著. —— 哈尔滨：北方文艺出版社，2019.10（2023.4重印）

ISBN 978-7-5317-4560-0

Ⅰ.①一… Ⅱ.①晓… Ⅲ.①情绪 – 自我控制 – 通俗读物 Ⅳ.①B842.6-49

中国版本图书馆 CIP 数据核字（2019）第 106850 号

一个人最好的修养，是情绪稳定
YIGEREN ZUIHAO DE XIUYANG SHI QINGXU WENDING

作　者 / 晓　君

责任编辑 / 赵　芳　　　　　　　　封面设计 / 莫　念

出版发行 / 北方文艺出版社　　　　网　址 / www.bfwy.com
邮　编 / 150008　　　　　　　　　经　销 / 新华书店
地　址 / 哈尔滨市南岗区宣庆小区 1 号楼
发行电话 / （0451）86825533

印　刷 / 嘉业印刷（天津）有限公司　　开　本 / 880×1230　1/32
字　数 / 165 千　　　　　　　　　　　印　张 / 8
版　次 / 2019 年 10 月第 1 版　　　　　印　次 / 2023 年 4 月第 4 次印刷

书　号 / ISBN 978-7-5317-4560-0　　　定　价 / 45.00 元

前言
Preface

拿破仑曾说:"能控制好情绪的人,比能拿得下一座城池的将军更伟大。"一个人最好的修养是能够控制情绪,始终温和待人。

有人说,成年人一生的运气都藏在"情绪稳定"这四个字里。前段时间,贵州毕节一个高速收费站的一位女收费员被司机骂后委屈哭泣,但下一秒仍然微笑着服务,该视频在网上热传,女收费员被夸赞为"最敬业变脸"。

很多不顺心的事情会出现在职场或生活中,但是我们不能因为一点儿打击就闹情绪。如果这位收费员愤然离开岗位,或把脾气撒到别的车主身上,她就会为此丢了工作。

让别人感觉舒服才能获得合作的机会,所以我们在工作和生活中都需要控制情绪。苏轼在《留侯论》中写道:"天下有大勇者,卒然临之而不惊,无故加之而不怒。"天下真正勇敢的人遇到突发情形毫不惊慌,无缘无故被施加侮辱,他也不会动怒。

生活高手一定是能控制情绪的人。罗伯·怀特曾说:"任何时候,一个人都不应该做自己情绪的奴隶,不应该使一切行动都受制于自己的情绪,而应该反过来控制情绪。"控制情绪最能体现人品。

情绪稳定第一步就是正确认识情绪。情绪周期位于积极区间时，要把握诸如乐观、开心等机会，充分利用这段时间做好手中工作；消极区间来临时，切忌任由情绪发泄，以免伤人害己。驾驭情绪、跟情绪和平共处，它才能成为助力器，而不是拦路虎。

美国社会心理学家费斯汀格有一个著名法则："生活中的10%是由发生在你身上的事情组成，而另外的90%则是由你对所发生的事情如何反应所决定。"

《菜根谭》说："吾身一小天地也，使喜怒不愆，好恶有则，便是燮理的功夫；天地一大父母也，使民无怨咨，物无分疹，亦是敦睦的气象。"自己的身体就是一个小世界，不论高兴或愤怒都不可以犯下过失，喜好和厌恶也要有一定标准，这是做人的一种调理谐和的功夫；大自然就如同养育人类的父母，让每个人都没有抱怨、万物都没有灾害而顺利成长，天地间就会呈现一片祥和的景象。

有时候我们很难控制情绪，反而被情绪左右人生。过度情绪化会让周边人都不舒服，只有掌握住情绪，才不会伤害身边人。

这个时代信息交互更迭、层出不穷，每每打开手机、电脑，总有很多资源值得借鉴；同时困惑也出现了：看着高大上的商业大佬商业吹嘘，直播平台素人变成明星，众多草根一夜暴富，我们的情绪出现了问题，一面唾弃他人，一面怀疑自己。

有些人的表达方式比较简单粗暴，最后栽在自己的情绪中。比如张飞没有死在沙场，而是被情绪杀死。能力再强，控制不住情绪，最后也得不到理想结局。

人的思维可以分为感性思维和理性思维。控制不住自己的人，往往让感性情绪控制理性思维，而真正优秀的人能够把影响大局的情绪放在一边。有情绪是会显得有性格，但同时也在挥霍自己的激情，不如省点力气让自己变好。

"怒不过夺，喜不过予"，这就是源于内在的自信与魄力，自信的人不靠情绪表达自己。《教父》有句著名台词："永远不要让家族外的人知道你的想法。"教父的大儿子违背了教条，最终被射成马蜂窝；小儿子不动声色，保护了父亲，报复了凶手。该隐忍时隐忍，该爆发时爆发。

在人生这个"竞技场"里，即使控制不住情绪，也要学着强行控制，从而保持清醒的头脑。清代作家李渔保持情绪稳定的方法是写字："予无他癖，唯有著书。忧藉以消，怒藉以释。"郑板桥受官场挤压，郁郁不得志时便提笔画竹。

人的成功与自己控制情绪的能力有着密切关系，心理学家经过长期研究认为："人与人之间的智商并没有明显的差别，但有的人之所以成功，有的人之所以未能成功，与各自的情商有密切关系。""生气不如争气"，控制情绪就是情商的要素之一。

本书从贴近生活的案例入手，赋予每一位读者敏锐解读情绪的能力，就不同的情绪问题给出相应的解决方法，帮助读者摆脱情绪困境。

约翰·米尔顿说："一个人如果能控制自己的情绪、欲望和恐惧，那他就胜过国王。"我们无法改变天气，却可以改变心情，当一个人的内心时刻充满阳光，那他心间的快乐之花将永不枯萎。

目录
Contents

第一章 当我们聊情绪的时候我们在聊什么

当你了解情绪，就会少走很多弯路 / 002

我们一直高估了外在环境的影响力 / 006

压力其实都是自己给的 / 010

人最大的问题，就是想得太多，做得太少 / 014

思维方式，决定了人的精神状态 / 018

只有自己，才是情绪的掌控者 / 022

摆脱生活的烦恼，其实没那么难 / 026

第二章 你的情绪，决定了谁是坐骑谁是骑师

乐观、乐观、乐观，重要的事情说三遍 / 032

你的心理状态决定了你的人生状态 / 035

幸福还是痛苦，决定权就在你手里 / 039

需要做出改变的，是想法而非现实 / 043

面对不如意，停止从外部寻找原因 / 047

重拾内心的激情和能量 /051

1%的坏情绪，导致100%的失败 /055

世界如此浮躁，你要内心平静 /059

第三章　重新审视你内在的负面情绪

情绪管理的ABC理论 /064

习得性无助：当绝望碾碎了意志 /068

如何把负面的嫉妒变成积极的嫉妒 /072

改变受害者思维，对自己的幸福负责 /076

认识消极的自我对话 /080

你所谓的焦虑，不过是对未来的恐惧 /084

为什么你会越努力越焦虑 /088

悲伤——一种能促进深沉思考的反应 /092

第四章　坏事不可怕，坏情绪才是最可怕的

人人都有情绪周期 /096

学会接纳自己的坏情绪 /099

身处逆境不可怕，悲观才是最可怕的 /103

不抛弃，不放弃 /107

庆幸自己经历了一些磨难 /111

事情没有你想象的那么糟 /115

何苦拿别人的错误来惩罚自己 /118

第五章　不可不知的情绪心理学效应

淬火效应：让自己变得更强大 /122

森田疗法：顺其自然，为所当为 /125

野马结局：不再为小事抓狂 /128

费斯汀格法则：遭遇倒霉事件，做出积极的情绪选择 /132

贝勃定律：肯定自己的价值 /135

皮格马利翁效应：不断进行积极暗示 /138

超限效应：把握情绪临界点，避免情绪崩溃 /141

第六章　缓解情绪压力的九条法则

拒绝完美主义，允许自己犯点错误 /146

学会知足，避免盲目攀比带来的痛苦 /150

敢于接受工作挑战，获得满满的成就感 /154

知识付费时代，扫除你的知识焦虑 /158

无论多忙，你的兴趣爱好都不能丢 /162

睡眠真的可以缓解压力和情绪吗？ /166

"跑步，在我状态最差的时候拯救了我" /169

管理你的精力，告别力不从心 /173

屏蔽掉你身边的负能量 /177

第七章　修炼情绪，不委屈自己也不伤害别人

理解怨恨，就能放下纠结　/ 182

多点包容心，体谅别人的不容易　/ 186

一个人的修养，看他如何发脾气　/ 190

永远不要用你的任性去伤害爱你的人　/ 194

学会表达情绪，就能提升亲密关系　/ 198

没有过多猜疑，就不会有自我烦恼　/ 202

信任，是所有关系中的黏合剂　/ 206

修炼情绪，从来不靠"忍"功　/ 210

第八章　情绪稳定，内心才能真正和谐

知道自己要什么，在浮躁的世界里笃定前行　/ 216

别让多余思想影响了你的决定　/ 220

内心越平和的人，越容易获得成功　/ 224

消除悲伤的最好方法，就是转移注意力　/ 228

断舍离，让心情回归轻盈和安宁　/ 231

调整情绪，把危机转变为机遇　/ 235

静下心来，专注一件事就是修行　/ 238

不要急，世界不会辜负每一分努力　/ 242

第一章

当我们聊情绪的时候
我们在聊什么

当你了解情绪，就会少走很多弯路

关于我们与之时刻相伴、形影不离的情绪，我们都深有了解。情绪不断变化，并影响着每一个人。这种复杂的变化，让人有着不同的心境与生活。了解情绪，知其利害，才能使生活、工作处于良好状态。

那么情绪这种虚无缥缈的东西到底是什么呢？情绪是多种感觉、思想和行为综合产生的状态，这种状态反映在心理和生理两方面，而这种状态的产生原因主要是：内心需求是否得到满足。

情绪可分为积极情绪和消极情绪，两方面情绪，都是内心对外界事物的正常反应，因此不存在好与坏之分。但是由情绪引发的行为则有好坏之分，比如有的学生受到老师批评时会认为老师故意刁难他，于是处处跟老师唱反调；而有的学生认为老师的批评是教育，能帮助自己认识到不足。

积极的情绪让人心情爽朗、思维活跃、自信乐观。当我们带着积极的情绪解决问题时，往往可以正常发挥，甚至超常发挥。此外，长期处于积极情绪状态能增强机体免疫力，保持身心健康；而消极的情绪让人情绪低落、悲观绝望、自暴自弃。消极情绪长期积压会引发诸多身心问题，甚至会引发抑郁症。当然，无论积极还是消极，都有其存在的意义，两者一起组成了情绪王国。

电影《头脑特工队》中的莱莉，是一个懵懂无知的11岁小女孩，因其父亲工作原因，全家告别曾经熟悉的生活，搬迁到旧金山。虽然莱莉只有11岁，但她和所有人一样拥有自己的情绪。在她的意识中存在着五种不同类型的情绪：乐乐（快乐）、怕怕（恐惧）、怒怒（愤怒）、厌厌（厌恶）和忧忧（悲伤），五"位"情绪在莱莉脑海里的控制中心居住，他们在那里通过适当调配来左右莱莉的日常生活。

全家迁徙后，主角莱莉经历了一系列情绪上的变化。下车时，她看到的是连张床都没有的老旧房屋，此时，乐乐调动了她以往打冰球的快乐记忆。

来到新学校的第一天，因为五"位"情绪失控，导致莱莉在新同学面前出丑。乐乐和忧忧在慌乱中被抛出情绪控制中心，在莱莉的茫茫脑海中流浪。控制中心只剩下怕怕、怒怒和厌厌，进一步升级的混乱情绪导致本来乐观的莱莉变成了愤世嫉俗的少女，无法与人正常沟通。乐乐和忧忧必须想办法回到控制中心，否则莱莉会在现实生活中完全崩溃。

美好情绪往往不被人铭记，提起情绪，最先呈现出来的往往都是负面的。我们常常感慨于生活的重重磨难，消极情绪便常伴左右。我们应当意识到消极情绪无法完全避免和消除，它是人类的正常反应；

我们应该认识到它客观存在的事实，去理解它、疏导它，因为过度压制情绪也会引发一些不理智的行为。所以我们要了解自己的情绪并调整思维认知：对绝对化说"不"，避免自己"糟糕至极"等消极暗示，善待积极情绪，关键时刻还要运用一定的方法进行情绪宣泄。只有这样，我们才能使生活充满阳光，做情绪的主人。

很多情况下，情绪都是外界强行施加的痛苦，因为情绪可以传染。

加利·斯梅尔是美国洛杉矶大学医学院的心理学家，他曾经做过一个实验：选一个开朗的人和一个整天愁眉苦脸的人，把两个人放在一起相处，半个小时不到，乐观的人也变得郁郁寡欢。

为了排除实验偶然性，证明情绪可以传染，随后，加利·斯梅尔又做了一个实验：只要二十分钟，一个人就可以把消极情绪传染给他人。

加利·斯梅尔根据实验数据发现，敏感性和同理心越强的人越容易受到坏情绪感染，这种感觉不由我们的主观意识决定，却在不知不觉中进行。

生活中有很多情绪营销的例子。近年来，一些商店开展了"微笑服务"，对顾客微笑以取得良好情绪效应，增加销售利润。

有些人经常会受到情绪困扰，究其原因是感知不到自己的情绪，说不清楚自己的身体和心理变化，加之我们人类本身习惯的思维模式是直面问题、勇于挑战，于是开始跟情绪顶牛，意志力在处于下风的情况下被消磨殆尽，最后放弃希望。

谈及情绪，我们不得不把其区别于另一个词语——感受，因为我们通常会把这两个概念混为一谈。两者的区别在于，感受只能用语言来描述，而情绪可以测量出来。此外，还有很多我们难以区分的情绪，比如内疚和懊悔、悲痛与抑郁。这些存在相似之处的情绪，实际有着根本性差异。

国人对情绪认知着实太少，因为我们在成长过程中总是被教育：不要有情绪。情绪是潜意识传递信息的媒介，比如紧张情绪说明对未来抱有不确定性，需要提升自己。

了解情绪需要不断学习，最终目的是矫正情绪带来的后果，少走人生弯路，避免消极情绪带来如"张扣扣杀人案"的可怕结果。

我们一直高估了外在环境的影响力

女老师被学生家长连扇耳光，一气之下跳楼身亡；面对微博投诉，服务员愤怒地用滚烫的锅底泼洒顾客，致人毁容。生活中，你是否也有被人气得发抖而控制不住冲动情绪的经历？即便没有这种极端经历，你也很可能听到朋友或同事的一句话而性情大变。

外在事件可以改变情绪。丢失工作、房贷难还，日复一日的外界压力让情绪处在崩溃边缘。这是因为与人共事时，敏感者容易受周围环境的影响。充满祥和的环境中，人的情绪会变得活跃；消极环境则会使人感觉疲惫，充满攻击性。

凌斌和靳珊是一对结婚多年的夫妻，随着时间推移，两个人的婚姻激情早已淡化。靳珊是在职妈妈，下班回到家，除了带娃还要做家务，而凌斌下班回来就知道玩游戏，两人因心态失衡而争吵不休。"你就不能帮我看会儿孩子吗？"看到凌斌在那"葛优躺"的靳珊开始发作。"我累了放松下怎么了？我上一天班了。"凌斌有点恼火。"我也上班，回到家还不是带孩子干家务？"靳珊也着急叫嚷起来。

凌斌完全不理会，依旧玩游戏。争吵过去一个星期，两个人又因为速溶咖啡包装袋扔进垃圾桶还是留在桌上发生争执，一个说对方邋里邋遢，一个说对方多管闲事，火药味十足，七天前的家务老账又在争吵过程中被翻出来。

大多数人的婚姻中都有各自的家庭风波，往往是妻子愤怒、指责、抱怨，丈夫逃避、冷漠、不理会，双方都因情绪让彼此关系越来越远。《婚姻治疗的九个步骤》的作者苏珊·约翰逊说：情绪体验和表达是家庭中社交互动结构和调节中很重要的一部分，也是在治疗中重塑人际互动的关键元素。

为什么情绪那么容易被外在环境左右？容易被外在环境左右情绪的人往往是高敏感型人格，这种人格的典型特点就是对别人无意中说的话耿耿于怀，对陌生的人和事物感到不安。因为对于细节的感知能力太过强大，所以容易胡思乱想情绪化。内心缺乏自信的人也容易因为外在环境而抨击自己，给自己贴上负面标签，从而产生负面情绪。另外，如果太看重某人在心里的地位，那么某人的一言一行都会牵动我们的情绪。关于情绪受外在环境的影响因素，专业人士有过相关研究。

阿尔伯特·埃利斯是美国著名心理学家、美国"理性情绪行为疗法"之父，他在《我的情绪为何总被他人左右》一书中，提出了三种影响情绪的病态思维模式。

第一种：我们把一切看成灾难，不是灾难也放大成灾难，总是用"万一……"来看待外在环境，这是灾难性思维方式。第二种：绝对思维方式，"我必须""我一定"，类似于这样看问题的方式。第三种：合理化。"那又怎样？"比如这次没考好，那又怎么样？这三种病态思维让我们把事情恐怖化、绝对化、合理化，因此外在环境经常主导情绪。

立足于社会现实，我们每天为了房、车、钱而奋斗，生活节奏极快。因为社会压力大，所以人的情绪比较焦虑。利用相反原理，我们可以找到一个再也不用受到外在情绪困扰的方法：看透一切，独善其身，忘记心中伟大目标，类似于出家人那种清静无为。可是在信息时代，这个设想绝对不会实现，因为人已经习惯于因为一件小事而发作情绪，有时候甚至会造成不可估量的后果。

前些日子，网上关于重庆公交坠江事件的视频引发了人们的热议，视频中的公交车失控坠江，而原因竟然是一个女乘客因坐过站而控制不住情绪，在公交车行进过程中对司机进行殴打，最后公交车冲进了江中，造成重大伤亡。

分析整个事件，原因仅仅是坐过站这样的小事，换作任何一个人或许都不会因为坐过站而对司机动手，或许是因为女乘客有急事，或许是她上车前心中就有火气。无论怎样，我们都不应该因为一件小事就将自己的情绪发泄在无辜人身上，害人害己，这就是前车之鉴。

每个人都有情绪，当情绪失控时，心态就会失衡。如何不让自己的情绪被外在环境左右呢？

首先，要了解到情绪具有传染性，尽可能远离情绪传染源，适当保持"事不关己，高高挂起"的处事态度，甚至有些不关己的事情都不要去听；其次，为自己的交流设置范围和界限，与那些负能量产生者划清界限，勇于对别人的负能量宣泄说"不"；再次，明确内心需求，提前打好预防针，以便应对需求破灭后产生的失落情绪；最后，或许一个黑眼罩会让一切不良情绪烟消云散。

情绪过激导致恶劣后果往往是因为太在乎外界因素，虽说情绪容易受到外界环境左右，但是如果我们能够运用一定方法及时调节情绪、接纳情绪，就会发现可以把情绪把控在一定范围内，在这个范围内的小情绪泛滥不仅不会有什么问题，还会为充满压力的生活带来丝丝活力。

压力其实都是自己给的

在这个生活节奏越来越快的世界里,你觉得压力大吗?我们经常可以在媒体上看到诸如员工因离职纠纷报复管理者、因事业受挫抑郁自杀等新闻消息,种种事件表明实际生活中许多人的抗压能力不够。

关于压力的科学定义,我们可以从不同的领域找到不同的答案,但是作为一个凡夫俗子,我们关注更多的是生活压力。生而为人,在不同的年龄段,都会拥有不同的压力感:上学时学业是压力、毕业了就业是压力、结婚了房车是压力,其中有现实的金钱压力,也有无形的心理压力,简直就是"无压力不人生"。

简单总结下来:想要达成一件事,从开始到完成,中间的这一段就称之为压力。压力是事件在完成过程中焦虑、担心的合集,是一种对于未知和失败的恐惧情绪。生活中受困于压力而导致严重后果的例子屡见不鲜。

清明节,一位老父亲在坟前哭诉:"你想得太多,我们做父母的不指望你能赚多少钱,只想着你能过好自己的生活。"死者名叫弦之,是这位伤心父亲的儿子。

十年前,弦之大学毕业,工作之初的工资并不高,那时的弦之心里只有一个念想:"维持好自己的生活,不问家里和朋友要钱。"住最便宜的出租屋,吃最便宜的路边摊,有时候为了节省开支,弦之甚至会连续几天吃泡面。父母知道他在外不容易,经常叮嘱他实在不行就回老家县城发展,每次弦之都笑嘻嘻地说没事,自己一定会赚大钱,孝敬父母。

经过几年打拼,生活越来越好,弦之开了自己的公司。可是好景不长,合伙人卷跑了大笔资金,公司倒闭了,女朋友也选择跟他分手。这时,本来还有一丝干劲奋斗的弦之突然又接到母亲癌症去世的噩耗,重重压力之下,弦之崩溃了,最后选择跳楼。

经历过初入社会全过程的我们大概能够体会,房东天天追着要房租,自己还要解决吃饭问题。但是工作不如意,工资不理想,走投无路时,又实在张不开嘴跟家里人说,于是压力产生了,却也只能往自己身上扛,很多情况真的让人欲哭无泪。

有些人惧怕压力,一碰到压力便转身离去,这样的人不免活得潇洒自如。还有的人敢于主动去寻找压力,这类人往往对自己的办事能力和抗压能力都相当有信心,压力在他们面前是精神动力,对他们而言,"有压力就有动力"这句话一点儿没错。

周杰伦当年在吴宗宪手下写歌,却没一个歌手要他的歌。《眼泪知道》最初是给刘德华的,但刘德华不要。最后吴宗宪说:"如果你七天能写五十首歌出来,我选其中十首给你出专辑。"

周杰伦在那七天没怎么出门，吃掉了一箱泡面。后来，他的第一张专辑《Jay》面世，一举夺得2001年台湾金曲奖的"最佳流行音乐演唱专辑"，并获"最佳制作人"和"最佳作曲人"两项提名，周杰伦一下子红透半边天。

主动接受压力和被动接受压力两者同样都是要面对压力，但是性质不同。前者的压力更多地来源于自己对成功的渴望，后者则是被环境所迫，不得不完成任务。有趣的是主动接受压力完全可以放弃这份压力，被动接受压力却无法轻易放弃。压力不是驱动力，热爱才是。

适当的压力能让人更积极地面对竞争和挑战，是我们的助力。只要没有达到心中目标，就会产生压力，而实际生活中，几乎没有人能做到什么事都不思不想。周杰伦完全可以选择不写那五十首歌；我们也可以天天睡觉不再早起，管他迟到不迟到；你也能不在乎家人朋友的看法，不结婚了。如果真的可以这样，那倒真没压力了，不过肯定是一句话：根本办不到。大多数时候，压力都是自找的，但是有些压力真的不由我们掌控。

长期持续性的压力会给身心带来各种问题，比如生理上的心脏病和免疫系统问题，心理上的焦虑、恐惧、抑郁等，甚至可能引发猝死。

一个人要想缓解压力，必须结合自己的生活背景，找到压力的出发点，从根本上进行缓解。注意这里用的是"缓解"一词，我们可以跑跑步、玩玩游戏，通过转移注意的方式来暂时性忘却压力痛苦，但要想彻底解决压力，除非那个出发点被解决掉，或者真的可以做到放弃。

21世纪的每个人都有压力，在追求目标的路上砥砺前行，不要滋生抱怨情绪，如果做不到放弃，那就牢记，这种压力其实是自找没趣。

人最大的问题，就是想得太多，做得太少

新年钟声敲响的那一瞬间，出于仪式感，大家总喜欢许下诸多心愿：可能想要学习某种技能，可能想要拥有迷人身材，可能想象着变成一个截然不同的自己……然而年复一年，还是原地踏步。为什么？因为行动停留在思想层面：想要学习时忍不住和游戏约会，想要减肥时受不了蛋糕的勾引。

现在的社会节奏下，焦虑成为一种普遍的"城市病"。无知的人还会把焦虑情绪理解为有追求、有上进心。生而为人，自然带有人性弱点，所有人都容易半途而废、乐于享受当前的快感。日本作家松浦弥太郎说："那些经常受困于不安和焦虑的人，对未来往往有'想太多'的毛病。"他建议换一种思维方式去看待问题，聚焦于那些正在发生的事，处理好眼前问题。

一个月以前，雷凌在微信上加了一位同校师哥，这个师哥一直在进行写作，小有名气。雷凌向这位师哥咨询："我喜欢写作，也想像你一样做写作方面的工作，我该怎么办呢？"

师哥反问道:"你现在开始写了吗?"雷凌答:"还没有,这目前还是一个想法,不知道如何实践。"

"什么都不要想,就去写,行动起来才是王道。"师哥直截了当地告诉她。

半个月以后,雷凌又找到了师哥,这次询问的是写长篇小说,还是写一些短篇文章。也就是说,这半个月以来,雷凌还没有动手写作。

一番讨教之后,雷凌选择写短篇文章。师哥本想着她这次可以真正下笔了,谁知道没过几天她又问自己的文章如果发网上会不会没人看,总之又是一通担心。

最后师哥只给她留下一句话:马上动手去写,不要再想这想那了。至于雷凌的写作事业,后来也就没有了后来。

想太多的人总是把时间花在纠结上,总是想着什么都准备好了,再开始行动,结果永远开始不了。因为人性就是这样,我们把所有期待放在然后,然后就没有然后了。

很多作家在给新人的经验中,往往提及写作需要当下及时动手,什么写大纲、考虑市场统统无用,只要你去写就好。我们也想过环游世界,可是一想到外语不够好,还是算了吧;想过创业,考虑到大环境不够景气,自己毫无经验,还是算了吧。

大公司的HR(人力)在招人时,会着重考察应聘者的执行力,他们可能不是最有创意的,却是勤于将创意转化为产品的工作者,而因为拥有超强的行动力,这种员工往往最受猎头青睐。

泰勒·威尔森有一句名言:我这一生中有过形形色色的想法。我们的脑海中有成千上万种想法，当写作、锻炼、读书等多个想法和目标同时出现的时候，"做太少"的弊端就开始暴露，我们会以干劲十足开始，以拖延放弃告终。

"想得多"在我们的认知中是一件好事，可是事实真的如此吗？想太多会使人产生更多选择，从而导致想法无法被贯彻落实。

哥伦比亚商学院心理学家希娜·伊言格教授在2003年进行了一项研究，调查人数达八十万之多，目的在于研究增加投资选择是否会对参与退休储蓄计划产生影响。

按照研究人员的预测，结论应该是：如果有更多的投资选择，会有更多的员工参与退休储蓄计划。每个人都认为选择越多越好。

但是研究人员通过对收集到的数据进行分析后得出的结论让人大吃一惊。数据显示，员工们参与退休储蓄计划的可能性随着投资选择的增加反而降低。

马云曾经说过："晚上想想千条路，早上醒来走原路。"选择越多，行动越少；追求的想法和目标越多，实现的可能性就越小。不能真正坚持到最后的原因往往是现实里缺乏时间、恐惧失败以及多选择下的精力枯竭，由此产生拖延症，放弃行动。

想太多会焦虑而直接影响积极情绪。上司不经意的一句话我们就会惴惴不安，反思自己哪里做错；男朋友的一个无端举动，女方脑海里就会脑补出"他不爱我"的大戏。

当你还在为做不做而纠结犹豫时，行动派早已着手去做。久而久之，明明大家同一个起点出发，最后却被人家甩在了后面。

面对"想得多,做得少"的情况,我们可以通过一些办法进行调整:首先要相信自己,只要心中冷静思考"这件事靠谱",就去付诸行动,不要害怕失败、自我怀疑,相信自己正在正确的轨道上运行。开始容易做到,结束往往很难,为此要从小处做起,做一些小改变,从"容易"之中养成完成任务的习惯。做事要灵活,不要埋头死磕,如果真的行不通就果断放弃,更好的想法值得更好的情绪和更多的时间。

焦点不在明天,而在精神集中的"现在",思考太久往往会产生拖延和焦虑。当某件事可以前进的时候,就坚定走出第一步,在行动中思考,思路变得开阔,后面的事也会顺利起来。人生不需要太多的想法,选择对的事情做,坚持做,美好才会如约而至。

思维方式，决定了人的精神状态

"横看成岭侧成峰，远近高低各不同。"用不同的思维方式看待同一件事物的时候，所体验到的感觉不同，从而情绪体验也不同，或焦虑，或兴奋。我们看待世界时，思维影响了情绪，进而表现出不同的精神状态。

每个人都有利导性思维和弊导性思维，前者鼓励我们积极做事，后者让人一度消沉。

有一个进京赶考的秀才，住在客栈中，晚上早早睡下后做了三个梦：第一个梦，自己在墙上种菜；第二个梦，下雨天，自己又戴斗笠又打伞；第三个梦，自己和心爱的人背靠背睡在床上。

第二天秀才找算命先生解梦，算命先生告诉秀才："墙上种菜，白费力气；戴斗笠打伞，多此一举；背靠背睡觉，没戏。你还是收拾东西，尽早回家吧。"

秀才垂头丧气地回客栈收拾东西准备回家，老板好奇地问："明天考试，为何今天回家？"秀才将自己的遭遇告诉老板。

老板听后，恭喜道："你一定要留下来，墙上种菜岂不是高中；戴斗笠打伞意为有备无患；和爱人背靠背是要翻身呀。"秀才听完，立马精神大振，最后考取了功名。

正所谓"万事由心生"，针对同一件事，仅仅换了一种思维方式，人的精神状态却大不一样。思维方式就是大脑里的程序，我们左右不了外界因素，但是可以通过这套程序左右自己的情绪，峰回路转，其实情况没那么糟。

我们活在对自己情绪的感受中，而我们的思维总是不断变化，在逻辑顺序上，思维产生感受，感受产生情绪，情绪决定精神状态。这种解释可以使很多人明白是自己的思维产生了对事物的观点，在自己的心中就可以找到心情低落的原因和问题的解决方法。当这个新的认知植入脑海后，我们就明白为什么身处同一个情境，困扰一会儿就自然消失——因为思维的多变性。

思维方式和精神状态的问题中，最让人感到头疼的是情绪低落、精神抑郁。为了缓解抑郁症患者低落的情绪状态，亲朋好友可能会带他们去一些欢乐的场所，但是收效甚微。事实上，不良的思维方式才是抑郁症的主要根源。

在某些人的脑海里常常会有自我否定、非此即彼、以偏概全、情绪化推理等不良思维方式，正常人群里也有这些思维方式，比如开着玛莎拉蒂的年轻美女在某些人嘴里就是可恨的小三，但是正常人都是简单地一笑而过，不会因为这种思维方式影响情绪和精神状态。

25岁的谢凯常常因为一些事情而情绪低落。有一次他鼓足勇气想约一个女生出来表白，不凑巧的是，女生当天恰好有事，就拒绝了他。谢凯在心里认定这是女孩给自己发好人卡了，自己长相平平，这辈子都要做一只"单身狗"了。

谢凯带着前一天的"拒绝心情"在公司会议上做报告，之前准备好的内容说错了一点儿，他心中马上想："我在公司的名声毁了。"当他自己心里要死要活的时候，整个会议室爆发出赞许的掌声，根本没有人注意到他的小错误，反而是他自己误会了。

下班后女孩主动约谢凯出来，而谢凯因为自己的面子问题，拒绝了约会邀请。

有时候人的思维方式就是这么神奇，好多误会的产生是因为思维方式不同，就像谢凯那样，用错误的思维方式埋葬了自己的幸福。

扭曲的思维方式影响情绪和行为，是导致我们情绪低落的重要因素。很多女人有过这样的经历，收拾房间时发现老公背包里有一只价值不菲的玉石手镯，女人的思维发动起来："最近没有什么特殊节日，又不是我生日，在背包里装了这么久都不送给我……"于是心中暗暗憋火，开始小心地收集老公各种疑似出轨的证据。过了几天，老公屁颠屁颠地把手镯送给了即将过生日的丈母娘。由于思维误解，生了气，发了火，却发现自己的想当然差点毁掉了一场美好婚姻。

很多人因会想太多而纠结，倒不如关注当下，相信上帝还给我们开了一扇窗，用"事物具有两面性"的心态去看待问题，或通过运动来增加思维活跃性。运动可以让人心情愉快，活跃的思维能够让我们站在积极的角度看待问题。

日记可以帮你更深入地思索一些问题发生的原因，通过日记可以进行自我沟通与反思，也不用害怕自己的秘密被泄露。在日记里多用积极的语言鼓励自己，对我们积极思维方式的培养会有很大帮助。

人是群居动物，选择加入一个积极正面的社团，多与人交流，学习别人在相同情况下看待问题的思维方式，在这个过程中我们就会明白，原来有这种困扰的不止"我"一个人，情感就会得到宣泄。

酸甜苦辣的生活中，需要依据情况适时地调整自己的思维方式来改变精神状态，毕竟外在是给别人看的东西。需要注意的是，从消极的思维方式瞬间转到积极的思维方式是不现实的，关键是要懂得调整的意识，在循序渐进的反思中转变。

只有自己，才是情绪的掌控者

自控能力的作用是控制自己专注地做事情。在控制行为的同时，更重要的是控制情绪，因为情绪能够影响整个人的状态。坏情绪很难消除，但是可以克制。

负面情绪是没有意义的，作为一个成年人，必须与不良情绪达成和解。真正厉害的人就是能够控制自己情绪的人，不喜于色，不怒于形，做情绪的主人。成年人和孩子最大的区别就是，成年人能够控制情绪，而孩子可以随心所欲。

年少时总听说："忍一时风平浪静，退一步海阔天空。"步入社会才发现并不是所有人都值得真心对待，每一天都可能面对不同的事，情绪也随之发生变化，强忍着自己的情绪去担待他人，看似减少很多麻烦，实际上却不能解决问题，反而让自己受尽委屈。因此，控制情绪不是毫无原则的忍，而是对待什么样的人做什么样的事，只求无愧于心。

"控制情绪"这一行为说明我们的地位处于人下的可能性较大。

"如果我的地位比你牛，我才不买你的账呢，还要像你一样进行情绪发泄"，这种情况往往出现在职场中。很多老资历的职场人都懂得控制情绪，因为他们知道如果在职场中不掌控自己的情绪，最后吃亏的只能是自己。

苏晓在一家公司工作了五年，一直没有得到晋升机会。从表现上来看，苏晓工作努力，能力很强，而不得晋升的原因是他心情不好或被"冤枉"时，不能控制自己的情绪，不管对方是谁，不分时间场合，该怎么怼就怎么怼，丝毫不给对方留面子。

有一次，苏晓的工作方案被前来视察的工作人员指出一些问题，尽职尽责的苏晓连夜按照指导意见进行改正，第二天重新过检时，还是被打了回来。明明已经按照要求进行改正了，心中已经有火气的苏晓找到了己方经理进行沟通，经理也认为苏晓做得没问题，可是碍于工作人员来自总公司，面子大，地位高，经理的意思是让苏晓控制好情绪，忍忍就过去了。可是情绪爆发的苏晓根本不管那么多，既然故意刁难我，我也不受这个气，顺手摔了鼠标，当着视察人员的面一通理论，摔了文件离去。虽然当时总部人员没有发作，只是说了一句："这个年轻人还是挺有性格的呀。"可是从那时开始，苏晓在评比、提升等事项中再也没有露过头角。

这种情况在职场中屡见不鲜，一个不敬的举动，就给自己埋下了"祸根"，即使本身的成绩和能力都没有问题。职场中难免会遇到那种特别需要仪式感的领导，还是那句话，如果不是员工地位低，谁会低声下气地服从？另一方面，作为员工，要想在一个企业中长期发展,就必须控制好自己的情绪,能够宠辱不惊也是情商高的体现。

职场中情绪失控的情况或许可以被人接受,但是出于压力等原因,生活中如果一个人的情绪爆发,那将是很可怕的一件事,马加爵事件、张扣扣事件等就是活生生的例子。情绪失控的人可能被仇恨蒙蔽双眼,进而做出违法犯罪的行为,最后受到法律制裁,可见控制情绪是多么重要。

费斯汀格法则:生活中的10%由发生在你身上的事情组成,而另外的90%则由你对所发生事情如何反应决定。或者说,一个人情绪的不稳定,会带来一系列因情绪失控而导致的更严重的后果。简单理解就是:如果我们由着情绪去做事不仅不能解决问题,还会带来更多问题。

安安最近出现了很严重的情绪问题,经常对自己不满,稍微犯点错误就会焦虑地生闷气。为了不影响生活,安安找到了心理咨询师。

咨询师首先问安安:心情不好时你会怎么办?情绪受到影响后是否可以及时调整回来?安安表示自己有心事的时候,从来不找人聊天倾诉,总是默默地自己扛。情绪越糟糕,越不允许自己出错,每天都在焦虑的情绪中度过,在别人面前却还强忍着不流露。

得知安安的情况后,心理咨询师开始对她进行疏导:能够掌控情绪的人首先要接受自己的情绪,不觉得流露情绪丢脸,不被情绪牵着走。你这种情绪问题的根源在于成长过程中,从小被教育喜怒不形于色,有了情绪不表达。适当的情绪收敛是教养,但完全不让自己生气会越活越累。

长期压抑情绪的人会不堪重负，身心俱损。宣泄情绪会让内心更舒服，但是我们的宣泄方式要合理，比如跟父母谈心、自己写写日记等，不能撒泼耍横、大吵大闹。

可能很多人会觉得情绪无法控制，其实这是一种误解。当感觉情绪即将奔涌而出时，我们不妨先进行短暂的思考，然后彻底冷静下来处理好将要面对的一切。情绪看似简单平常，却能掌控我们的生活。我们没有办法掌控外在环境，但可以控制自己的情绪，让情绪成为人生的好帮手。控制情绪的方法很多，大众皆知的方法如：听音乐、做运动、倾诉等；还有人会选择大吃特吃，把胃填饱挤压心脏，这样就不会心痛，但这种说法实不可取。

产生坏情绪时，尽量不要与人口头争执，可以选择一个人静一静，将注意力放在另外一件事上。要明白改变别人不如控制自己来得实在，可以向人倾诉，但请不要将负面情绪带给他人。其实最好的方法就是与自己和解，可以私下给自己写一封信，清楚写出情绪产生的原因、情绪危机时的表现以及与自己和解的方法。我们只要找到掌控情绪的合理方法，就可以让快乐常驻心间。

摆脱生活的烦恼，其实没那么难

"最近情绪好低落呀，我辛苦工作了半年，竟然没给我加薪。""上周的任务还没完成，明天就要交报告了。"我们一定也经常遇到令内心不畅快的人或事，然后产生烦闷、苦恼等不良情绪。烦恼情绪往往源于理想和现实的落差感，这种落差感会攻击别人，也会攻击自己。人的欲望是不会得到满足的，因此我们总是在不停地追寻，这种落差感就永远不会消失。

烦恼又分为真烦恼和假烦恼，大多数情况下困扰我们的是假烦恼。真烦恼是指那种已经客观发生并且给我们心绪带来堵塞的事情，或想办法去解决烦恼，或根本不理会。而假烦恼大都是大脑出于自我利益保护而做出的自我假设，这些事情往往还没有真正发生，比如一件任务没有完成，就担心会不会被领导批评。

一个年轻人感觉自己的生活中充斥着烦恼，四处寻找摆脱烦恼的秘诀。有一天，他来到一片绿草丛，有一位牧童骑在牛背上，笛声悠扬，看起来十分逍遥自在。他上前问道："你看起来很快乐，能教给我摆脱烦恼的方法吗?"

牧童说:"我骑在牛背上一吹笛子,就什么烦恼也没有了。"这个人试了试,感觉没有什么作用,又开始继续寻找。

他来到一个山洞,看见有一个面带微笑的老人独坐洞中。他向老人说明来意,恳请老人教他摆脱烦恼之法。

老人笑着问他:"你被谁捆住了吗?"他回答道:"没有。""既然没有人捆住你,还谈什么烦恼呢?"年轻人蓦然醒悟。

这些自我主观上存在的烦恼就是假烦恼,假想出来的烦恼大部分都不会发生。其实我们很少对事件本身感到烦恼,真正使我们烦恼的是过多的联想和解读。

假烦恼造成困扰,但是最后的结果不会真的让人情绪崩溃,我们真正需要解决的是生活中的真烦恼。每个人都有感性和理性两种思维方式,如果能够让自己的大脑进行理性思考,它就能控制情绪。比如被批评后,尽力去理性思考下次如何做得更好,而不是像以往那样哭诉。我们要有效利用理性思维,将烦恼转化为积极情绪。

很多过去发生的不愉快经常在脑海中浮现,谁都希望不再去想这些烦心事,却抛不掉、忘不了,不知不觉中强迫着自己不停地想。明明已经从上一家公司离职,在新公司却仍然会想到前公司的种种恶迹,自己受委屈的情景历历在目。这种情况来源于大脑的生理特点,不是精神出了问题,而是大脑在提示你,在新环境中小心做事,不要重蹈覆辙。

其实最初的烦恼很好解决,甚至没有烦恼,但随着欲望的增加,烦恼随之而来，可以说烦恼就是我们自找的闲事。

　　大学教师詹姆斯和物理学家卡尔森是好朋友，两人都已退休在家，闲来无聊，就打了一个赌。

　　詹姆斯说会让卡尔森养上一只小鸟，而卡尔森觉得自己绝不可能养鸟，因为他根本不会养鸟，所以卡尔森高兴地接受了这个赌约。

　　过了一段时间，卡尔森过生日，詹姆斯送给他一个精致的鸟笼作为生日礼物，卡尔森看到这个鸟笼如此精致美观，就把它挂在客厅里当装饰品。很多人经常到他家里拜访，看到客厅里挂着精致的鸟笼，里面却没有鸟，便会问他养的鸟哪里去了。

　　开始的时候卡尔森还会给别人解释说，他没有养过小鸟，鸟笼是朋友送给他的生日礼物。但客人们都认为鸟和笼是配对的，现在只有鸟笼没有鸟，便有人用怪异的目光看他。后来询问的人越来越多，解释流程成了他的烦恼，为了解决烦恼，他打算买一只小鸟。

　　其实很多人的烦恼也是这样来的，本来鸟笼是美好的装饰物，却成了心中的烦恼。可是这个故事还有深层次的意思，仅仅买了鸟自然就解决了鸟笼带来的烦恼，可是卡尔森以后又有了养鸟的烦恼。在我们看来，卡尔森完全可以把鸟笼扔掉以绝后患，可是碍于两个人的友好关系，他选择了烦恼自己。

　　每个人都在社会中超负荷运转，脆弱的精神经不住一点儿小失望、一点儿小瑕疵，以至于小小的感冒都会令人矫情，因为脆弱精神状态下太容易产生新的烦恼，新旧交替的烦恼对人造成的伤害最大。受困于烦恼情绪中，心会慢慢出现病态，这个时候一定不要胡思乱想，越想心中越烦，不如出去和好朋友一起打打球、跑跑步。如果你喜欢宅在家，搞笑综艺、烧脑大片都可以缓解情绪，找一些神剧刷刷弹幕吐吐槽也是不错的选择。

摆脱烦恼无非奔着三个方向去：逃避、改变、接受，尝试再多的方法也逃不出这三点。如果现在必须选择其中一个，就要接受选择带来的后果。最常见的是逃避和接受，这是两个被动选择，只要不顾及自己的面子问题，人就可以活得很舒心。改变就比较难，一方面要做出不知道结果如何的努力，一方面还要担着失败后被人嘲笑的风险。

"人有悲欢离合，月有阴晴圆缺"，生活中出现烦恼不足为奇，最重要的是在烦恼面前保持坦然心态，学会控制烦恼，这样才能用更多的时间和精力来解决更大的难题。

第二章

你的情绪，
决定了谁是坐骑谁是骑师

乐观、乐观、乐观，重要的事情说三遍

生活是一面镜子，乐观的人能看到微笑，悲观的人看到的是哭泣。一个人能够乐观面对难关时，就意味着他已经站在了生活最高处。乐观并不难寻觅，失败后坦然面对是乐观，困苦中充满自信也是乐观。人生不可能一帆风顺，种种失败面前，我们需要乐观去面对得失。保持一份乐观的心态，不仅是一种生活态度，更是一种处世哲学。

乐观向上的人往往会受到好运偏爱，这是由于他们看待问题的态度总是充满积极性。比如过年打碎了一只碗，一般人都会认为不吉利，而乐观的人可能会觉得"碎碎平安"。

乐观与学历、工作无关，它是独立存在的信念，告诉我们自己并不比别人差，而且未来可期。

乐观地面对人生，其实是一种修行。一个人能成功走出荒漠，靠得不仅是顽强的毅力，更重要的是乐观的心态。恶劣的环境会把毅力消磨，只有乐观的心态是永恒的保障。

生活中的人常常肩负着种种压力，高压下保持乐观心态是很重要的。乐观在精神层面的表现是主观上的不在乎。对于一件东西，"得之我幸，失之我命"，因此不会在意短暂的失意挫败感，反而会总结自己的不足，积极地提升自己。

一个乐观的人能正视自己的优缺点，摆脱消极情绪的控制，从而理智地做出判断，让自身时刻充满正能量。

马云和最初的十八个合伙人凑了五万美元开始创业，但是他们在阿里巴巴成立之初的三年里没有赚到一美元，这段暗无天日的岁月里，乐观的心态必不可少。有人曾做过一项关于乐观心态的调查，对象分别是五十个乐观派心脏病患者和五十个悲观派心脏病患者。乐观派认为自己没有什么大问题，对死亡坦然接受，每天无忧无虑地生活；悲观派整日都在担心自己可能因为心脏骤停而死亡，甚至因此失去了行动力。一段时间过后，乐观派患者中只有九个人因心脏病急性发作去世，剩下的人依然活得好好的，而悲观派一方有只有十人能够继续担惊受怕。

我们的身体承载着我们的情感和情绪，长时间处于负能量中，我们的健康快乐因子会被逐步消磨掉，反映到身体上就是病症。我们经常会听人说谁谁心态乐观，该吃吃该喝喝，活得很年轻，就是这个道理。

我们想要乐观地生活，首先要有一个健康的身体，这是承受更多重担的前提。因此，不管我们的生活质量怎样，一定让自己吃得下饭，睡得着觉，每天哈哈大笑。规律作息的同时，也要积极运动，只有精气神好，心态才能乐观，反过来，乐观的心态还会推动健康生活，形成良性循环。

生活中要适时地锻炼自我排压能力，树立乐观的心态。压力过大时，要调试自己心情，客观地看待事物两面性，多关注事物积极面，给自己乐观暗示。

"近朱者赤，近墨者黑"，情绪可以传染。所以，要多结交乐观的人，多感受乐观的朋友带来的积极影响。当然，这个朋友不一定是面前真实的人，可能是一个名人，甚至是一件物品，我们可以通过这些人或物的乐观事迹和精神来感染自己。如果我们深陷于某种消极情绪的旋涡中难以自拔，那就做出点实际行动来，比如学习一项技能，在此过程中，认可自我价值，挖掘自我潜力。我们不但要改变自己的内在，还要在外形上塑造自己的乐观状态。最简单的办法就是挺直腰板，打理好衣装，给人一种自信的感觉，自己对着镜子看，心里也舒服。

英国诗人胡德说过："即使到了我生命的最后一天，我也要像太阳一样，总是面对着事物光明的一面。"乐观的心态会带来乐观的人生，如果拥有一双发现美好的眼睛，目光停留之处，好运必至。

你的心理状态决定了你的人生状态

心理学家对成功者进行观察和研究后发现,人的心灵有两面性——正面的积极心态和反面的消极心态。开始时,人与人之间的差异很小,随着积极或消极心态的作用,微小的差异开始在人的命运中发挥作用:取得成就的人始终积极思考,把握人生,在乐观进取中创造奇迹;一事无成者消极悲观,被过往的失败和对未来的疑虑控制。

每个人都在追求幸福美满的生活,其实幸福、美满很难得。积极心态下,即使面对整个世界的质疑和反对,我们也不会陷在困境与被伤害的感觉中,反而会坦然处之。只有看得轻,内心才不会感受到重量。

一个小男孩的手卡在花瓶里拿不出来,疼得直哭。为了解放孩子的手,妈妈只得小心翼翼地将花瓶砸破。

妈妈心疼地看着孩子被花瓶挤得通红的小手,发现孩子一直紧紧攥着小拳头,掰开孩子的手一看,紧紧攥着的是一枚硬币。

妈妈问他为什么不把手松开呢,那样手就能拿出来了啊。孩子的回答是：我怕一放手，它就掉进瓶子去了，花瓶那么深，我够不着。

妈妈听了之后哭笑不得，只因为一枚硬币她砸烂了价值三万元的花瓶。

尼尔·唐纳·沃许在《与神为友》一书中说："我不会抓紧任何我拥有的东西。"或许真的像攥硬币的小孩一样，紧抓的东西，需要的代价太过惨痛。如果我们紧抓爱情，也许终究会失去爱情；如果我们紧抓金钱，金钱对我们来说就毫无意义。真正拥有一件事物最好的办法就是抱着"得之坦然，失之淡然"的心态。

心态影响性格，性格决定人生。心态的形成更多源于人生中经历的重大变故。小时候，当我们奔跑玩耍摔倒时，我们不会第一时间站起来，而是看看父母是否在附近，然后放声大哭，家长会立刻抱我们起来。因此，从小我们就建立起一种软弱的消极心态。长大后，这种心态凸显出来：受伤就想找靠山，受挫就想往后退，凡事都是我处于弱势，我只许成功，不能失败等。可我们不是生活在想象中，何必过分计较对错？懂得适当放弃，我们的情绪才能更加平和稳定，才能在有限的生命里活得充实、美丽。

白仁毕业于名牌大学，在参加工作前还曾独自到海外考察，拥有各种相关的证书履历。从进入公司开始，毫无疑问，他就是大家公认的同批次中最优秀的实习生。白仁转正之后，信心满满地认为自己会做出更好的成绩，可是重新分配的部门工作并不是自己喜欢且擅长的，每天他也只能按照领导的要求做做表格，帮助别人做一些杂活。

同批次进入公司的另外一个年轻人学历远远比不上白仁，能力也不强。但是人家已经在近半年的项目中崭露头角，获得了部门领导的赏识。不平衡的心态让白仁整日处于焦躁与自我怀疑中，隐隐还有对他人的恨意。

回到家里，白仁向父母说明了此事，准备辞职换工作。父亲为他分析："光鲜的履历、一展宏图的野心和能力、职场的人际规则，从哪个方面来看你都不落于人后，你太急于证明自己的实力，现在让你做做表格、料理杂物你都受不了，心浮气躁、眼高手低，以后怎么能成大事呢？"

白仁听了父亲的话，感觉自己确实没有摆正心态，"一瓶子不满，半瓶子晃荡"。他把自己已经写好的辞职信撕了个粉碎，回到工作岗位踏踏实实地干，最后如愿晋升成为部门总监。

生活中也有很多这样的例子，因为心态不端正，社会精英输给了没有文化的普通人。不论我们做什么事情，心态一定要摆正。

负面情绪会因为心态没有摆正而越积越多，这种情况下我们就很难理智地对待生活和工作。而心态好的人，不会因为学历低被其他人嘲讽就选择放弃，他们难过但从来不抱怨，学历、经验不够，就拿努力来凑。

一个人的心态不好，即使能力非常出众，最后也会从强者的神坛摔下。比如一个同学在高考前的几次模拟考试中一直是班级第一名，大家都认为他一定可以进一所好大学，高考过后，却听说他连二本分数线都没达到。这种平时能力很强的人，却因为自己的心态问题，往往在关键时刻掉链子。

我们不可能控制人生的际遇,唯一能控制的就是事件来临时,用怎样的心态去迎接。良好的心态更有利于面对困难和挫折。

好心态能够为我们带来自信。生活中好多人花费大量时间和精力,却终不得志,归其原因,他们没有一个好心态,面对困难时总是期期艾艾,支撑他们努力下去的不是想要达成目标的渴望,而是失败的鞭笞。

好的心态还可以带来平常心。大多数人经过无数次的失败之后都会变得愤世嫉俗,而拥有好心态的人能够时时刻刻以平常心去对待事物。"得之我幸,失之我命",只要努力过,心中便无悔。

心态是我们的主人,始终用乐观向上的心态去迎接每一天的挑战,必定充满正能量,生活自然越过越开心。

幸福还是痛苦，决定权就在你手里

有人说：幸福就是猫吃老鼠、狗吃肉、奥特曼打小怪兽。"你一定要幸福啊！"这句话曾经无数次出现在影视剧中，场景往往是分手。幸福究竟是什么呢？

很难描述幸福是什么，因为每个人对幸福的定义都不一样，但是相信幸福，相信自己可以决定幸福，这就足够了。

有一天，一个贫穷的小男孩和幸运女神相遇了。女神问他有什么愿望，小男孩回答："我想变得富有。"于是幸运女神给了小男孩儿一个钱袋，要求他绝对保密。

男孩儿很快成长为一个男人，在别人眼中，他是整个镇上最幸福的人。因为他有一个漂亮的妻子和五个可爱的孩子。可是，他憧憬自由的生活，他对这一切感到厌烦。

他带着钱袋离开了。走之前，他给妻子留下一封信还有一些财宝。之后，他走过了很多地方，得到了心中所想的自由，可他依然不幸福。

有一天，他遇到一个衣着破烂的乞丐，乞丐的脸上每天都洋溢着幸福的笑容，他有点不理解，为什么一个一无所有的乞丐这么开心？经过询问，乞丐告诉他："我有一个心想事成的帽子，只要戴上这顶帽子，就可以去任何想去的地方。"

男子立马用自己的钱袋与乞丐交换，戴上这顶帽子之后，男人想象自己回到了家乡，当他睁开双眼，真的回到了家里，他拥抱着家人，感到幸福无比。

对于我们中的大多数人来说，金钱、亲情、自由，都可以为我们带来想要的幸福。在当今充斥着物欲的世界中，有金钱才能有亲情、爱情和自由，金钱似乎成了幸福大厦的必需品。但对于大多普通人来说，没什么比跟家人在一起更为重要。当我们睁开双眼，家人就在身边，这就是我们掌握在手中的幸福。

金钱、爱情、自由的存在能够为我们带来一定的幸福感，但它们不是我们人生中不可或缺的。没有金钱、没有爱情、没有自由，我们依然可以通过其他的方式获得幸福。外界因素带来的幸福是被动的幸福，但我们能够主动定义一件事物带给人的是幸福还是痛苦，这一点在婚姻中的表现最为明显，尤其是在女性身上的表现。

在我们的传统认知中，一段失败的婚姻关系必将使一个女人陷入精神痛苦。随着时代进步，现在的女性也拥有了对婚姻幸福与否的选择权，最有说服力的证据就是近些年来持续增高的离婚率。聪明的女人懂得自己去把握婚姻幸福，而不向外界奢求，所谓痛苦，大抵都是将对方的幸福捆绑在自己身上。当女性明白了幸福的决定权在自己手中时，就没有必要再惯着谁，内心自然自由、幸福。

提及"幸福"这个温馨的词语，不得不考虑到选择的重要性。或许只是一个不经意的选择，你就与幸福失之交臂，终生面临遗憾带来的痛苦。选择是两面性的，自己做出的选择可能大概率与幸福接近，但往往关键时刻的选择由不得我们。

若曦高考报志愿时，父母主动查分数、查学校、查专业，甚至代替她报志愿。如父母所愿，若曦大学毕业后，在一家公司做了行政。可这根本不是她想要的生活，她爱好文学，一心想要做一名网络作家，结果现在天天在公司混吃等死，父母甚至把男朋友都给她准备好了。

若曦躺在床上若有所思：我想报自己喜欢的专业，有一份属于自己的工作和爱情，却都是父母为我做出选择，明明是我自己的幸福，为什么不自己做决定？

第一个电话打给了公子哥男朋友："分手，不适合！"第二个电话打给隔壁房间的父母："我不喜欢行政，我喜欢弹琴、写作，我明天就辞职，我要掌握自己的幸福。"电话另一头，父母哑口无言。

任何人都不能影响我们对幸福的选择，真正的幸福都掌握在自己手中。实际上，我们所经历的事往往跟若曦相似，从小时候的兴趣班到高考报志愿，再到工作，结婚，每一步都由不得自己。

积极选择自己的人生剧情，拒绝让别人帮你思考、说话和决定；不能幻想着完美的事情发生，要用行动获取幸福；对于金钱，不能只为工资而工作，那样很难有幸福感，处处都要被账单困扰，也容易变身工作机器,自己为工作下好定义,有了兴趣才能有质量的产出。

在生活中要不断改善自己,面对那些即将到来的幸福,必要时放下一些压在心灵上的事情,摆脱痛苦,享受幸福时光。

需要做出改变的，是想法而非现实

人的情绪不会因为事件本身而变化，往往是内心关于这些事件的想法在起作用。同一件事情，当用另一种想法面对时，情绪也就不一样。伤害自己的是对事情的看法，永远不是事情本身。

试想一下，能在任何不明情况下确定事实，肯定可以避免很多不良后果，但事实上往往不能，谁不是用可悲的想法去理解事物呢？判断思维就是：在没有强迫的情况下，下意识地给看似负面的事物定性为"坏"，即使它存在正面意义。

苏凡作为一名行政文员，在公司已经不温不火地工作五年了，每天朝九晚六，月薪四千，着实悠闲自在。

年底的同学聚会上，大学同学们一个个都是高管、总监，月薪几万，并且都买了房和车。心理不平衡的苏凡很受伤，明明几个女同学在学校的时候哪方面都不如自己，想不到毕业后短短几年时间，却已把自己远远甩在了身后。

晚上躺在床上看着天花板，苏凡回想起自己的生活，波澜不惊、悠闲自在，可是这样的生活很令人感到挫败，她下定决心要改变现状。她对同学从羡慕嫉妒恨转变成感激，如果没有再次遇见他们，自己可能还在安逸颓废中度过余生，是这次聚会让自己发现事业所成才是人生目标。

苏凡开始积极行动，她制定了自己的小目标；工作期间，还会帮其他部门的同事做一些事情；工作之余，她开始健身、写作，不久就升职加薪。

虽然我们都不愿意比较，但是比较在社会交往中不可避免。我们常常会因落后于同事朋友而伤神，甚至闹得人际关系紧张。与其羡慕嫉妒恨，不如像苏凡一样，换个角度去看"技不如人"的问题，那么我们将专注于如何对比着提高自己，然后收获进步的惊喜。

美国心理学家埃利斯提出一种情绪ABC理论，A代表激发事件，B代表对事件的想法和解释，C代表事件结果。按照我们的常规理解，一般A事件直接导致C结果，即因为→所以。比如因为领导说了好多遍的事情，我们没有放在心上，所以领导生气了。但其实领导不是因为我们没把事情放在心上而生气，领导的想法是我们在他讲话的时候没有认真听，这是对他领导地位的不尊重，进而延伸到我们的工作态度问题。因为我们没听，所以我们不尊重领导，工作态度有问题，所以领导生气了，即因为→所以→所以。

带着消极的想法看待问题时，所有的事情都会针对你，这种奇怪现象的发生存在合理依据。著名的费斯汀格法则指出：生活中事10%由自己产生，另外的90%由我们对事件的反应所决定。这个法则告诉我们，生活中90%的事件都由我们自己掌握。

费斯汀格举了一个例子：卡斯丁先生洗漱时随手把自己的高档手表放在洗漱台边，他的妻子为了避免手表被水打湿，于是把手表放到了餐桌上，儿子拿餐桌上的面包时，不小心把手表碰到地上，卡斯丁生气地打了儿子屁股，夫妻俩争吵起来。

生气的卡斯丁直接去公司，半路上发现没带公文包，但到家门口的他发现钥匙在包里，只能给妻子打电话。慌忙回家的妻子撞翻了路边水果摊，赔了一笔钱。

卡斯丁迟到十五分钟被批评，还因小事跟同事吵了一架；妻子被扣除全勤奖；儿子因心情不好，本来夺冠有望的棒球比赛在第一局就被淘汰了。

事件本身就是手表摔坏了，本来没什么大不了，可是因为卡斯丁对这件事情的想法，引发了后面一系列结果。如果他一开始简单地认为再换一块手表，也就不会有一家人倒霉的一天。有时候我们必须及时掉头，重新解读生活，换一种或多种积极角度去思考，避免在倒霉中越陷越深。转变对事物的看法，在现实中具有很多实用意义。比如十字路口的红绿灯，如果没有这个装置，任由我们枯燥地等待，不免产生强迫性焦虑，而如果给出我们明确的信号，我们的想法就转变成："哦，快了，还有十秒钟绿灯。"

一个人无论身处何种境况，都要学会从各种不同的角度看待问题，以做出较为正确的判断。只有不局限于个人角度，从他人角度提出相应问题，然后做出相应改变，事情才会朝着好的方向推进。

面对不如意，停止从外部寻找原因

为什么有些人不喜欢我们？为什么客户还是不满意？从我们的角度看，是因为别人对我们有成见。漫漫人生路上的环境因素如同大山，人力很难改变，但要试着转变思维，从自己的情绪下手改变自己，最终才能改变别人。

凡事外部归因，实际上是我们在为自己不如意带来的失意情绪找借口，白白丢弃了自我反省和提高的机会。

1838年，28岁的曾国藩考取进士，他在留京做官的十四年中，虽有所升迁，但总体并不顺利。究其原因，曾国藩是汉族官员，从上司到同僚大都是满族官员，加之曾国藩恃才自傲，经常受到别人的敌视，所以无论做什么都很艰难，这样的窘境让他整日处于情绪低落之中。

1852年，曾国藩的母亲去世，他按照惯例回乡奔丧。在家里守丧期间，他阅读了老子的《道德经》，明白了问题还是出在自己身上，因为自己锋芒太露，遭到别人忌惮，所以仕途不如意。

守丧期满,复职的曾国藩,完全改变了自己。他对每一封书信都认真加以回复,同僚只要家中有婚丧嫁娶之事,他都坚持亲自登门。过了一段时间,曾国藩发现人们对他的态度发生了巨大转变,凡是他提出的建议和计划,许多人都会响应支持。

一个人的失败是自我日积月累的结果,我们常常把自己失意的原因归结为外在的客观环境。比如做生意屡屡失败,我们埋怨身边的人、埋怨家里的祖坟风水,却从不在自己身上找原因,把不顺归咎于客观环境,从心理上认定了自己无法干得更好。

年轻气盛时,感觉周围环境充满了莫名压力,而当我们坚持反思、改变自己,变得低调而成熟时,就会发现新的自我,赢得别人的支持和信任。不必总为自己的不如意找台阶,多从自己身上找原因才能更快乐一点儿。

思彤刚大学毕业,凭借着对文字工作的热爱,她成了一名编剧助理。进入公司没多久,在一次剧本会议中,两个编剧因为某个剧情点而争论得面红耳赤,其中一个女编剧脱口问道:"思彤,你觉得我们的意见哪个更好一点儿?"

思彤明白这就是一道求生题目,不论回答哪个都不对,可是因为性格直爽,她下意识地答道男编剧的意见可能更好点。

第二天,那位女编剧没有来上班,思彤的老板收到女编剧的信件:这个丫头片子才来公司几天呢,就敢对前辈指指点点,干脆让她来做剧本好了。不久,思彤就被老板以各种理由给"安排"了。

离职后的思彤开始对职场丧失信心,整日躺在床上为自己的第一份工作伤心。她在心中暗暗仇恨那个女编剧的毒辣，自己不就是直爽地说了不该说的话而已，至于吗？可那是事实，难道我要哄着她，她才满意吗？她也憎恨老板的丑恶嘴脸和公司的阶级黑暗。最后，带着失意和伤心，思彤离开了这座城市。

我们常常因为心直口快而得罪人，在被打压后整日闷闷不乐，觉得社会风气不好，人心不古，所谓的前辈都不过是喜欢阿谀奉承的虚情假意之辈。我们把自己在职场上受到的委屈通通归因于周围环境，还称赞着自己的遗世独立，然后在失意的情绪中丧失工作信心，渐渐地，失意情绪转变为迷茫厌世。

当我们在做事过程中遇到阻碍和挫折，比如处理不好人际关系而情绪低落时，需要做的首先是自我反省，而不是怨天尤人。世上的道路有弯有直，我们在保持自己性格刚正的同时，也要随机应变。单纯因为道路曲折难走就郁郁寡欢没有意义，因为外部的客观条件很难改变，我们能够改变的，只有自己。

面对不如意，我们选择"就着台阶下驴"无非是为了自尊，就好像考试没考好的人可以说"我没有复习才挂科的"。把失败归因于外部条件，不会影响到对自己能力的评价，既维护了自尊，又可以心安理得地接受失败，从而缓解自己的压抑情绪。但是这种缓解情绪的方式，会让我们陷入恶性循环。因为不如意的事情一直在发生，如果我们一直按照这样的思路进行自我开脱，失落情绪就一次次地累积，终至崩溃。所以，我们必须从根本上做出改变。

"物竞天择，适者生存。"我们必须适应环境，认清环境变化的客观事实，从而改变自己的处世之道，避免不如意带来的情绪伤害。人不是神仙，都会犯错，我们也不要抓住别人一次错误就无休止地指责抱怨，因为这样做的同时，就已经陷入不满情绪之中了，我们应做的是借他人的错误警示自己。

　　成长其实就是面对生活中的不如意时，接纳内在情绪。无论经历怎样的事情，接纳痛苦、悲伤、愤怒和嫉妒等情绪，不因事件本身和情绪对立，我们就不会被世界孤立，才能真正成长为情绪的主人。

重拾内心的激情和能量

每个人都曾经或正在经历着一种虚无与烦躁的状态,对生活和工作失去激情,在重蹈覆辙中习惯着自己的一成不变,在自己的不变与世界的瞬息万变中感受着自己的无力。

我们的内心状态需要一张一弛,内心绷得太紧,容易在紧张情绪中损耗太多精力。我们需要放松,可是我们往往因为过于放松,陷入困局当中,丧失了内心的激情与能量。越来越多的人在经济欲望的高压下失去了奋斗的激情,他们在对财富的巨大渴望里被抱怨、不安、躁动、恐慌等情绪折磨着;也有越来越多的人在自我放纵中丢掉了重新站起来的欲望,他们在放松与"享受"中消耗着人生。

艺婷在跨入职场之初,干劲十足、激情高涨,对自己职业前途的期望和信心让她砥砺前行。

但是不到半年时间,原先的激情完全消失了,艺婷每天感觉自己和机器人一样,唯一比机器人强的是自己还知道累,还期许着每天早点下班。原先工作中出现不顺心的事情都会鼓励自己挺过去,现在一遇到难题，情绪便一阵低落，学会了对待工作"顺其自然"，并且时不时就会"鼓励"自己换个工作。

艺婷也曾反思：当初那个激情飞扬的自己哪里去了呢？可是越反思，越是深深地陷入失去自我的迷茫中，本来一个工作没做好的问题，上升到自己的人生追求、做人道德等高度上。

短暂抑郁之后，艺婷选择了辞职。她明白现在的自己不适合工作，便在国内外进行了一次彻彻底底的旅行。喜欢写作的她，开始作为自由职业者进行小说创作，虽说不时还会感到压抑，但是旅行归来后她懂得了调控自己内心的情绪状态，成为深受读者欢迎的作家。

在工作中没有激情的人往往学习能力也会退化，每天按照领导的要求做事情，也不知道到底学会了什么，然后安于现状，只不过为了生存。"人为财死，鸟为食亡"，现在的我们没有了最初追求理想的一腔热血，背着"包袱"生活，已然喘不过气来。试想，一个人如果整天不是为理想而努力，而仅是为了金钱利益无奈奔波，那么他的积极情绪必然会在纸醉金迷、自甘堕落中被消磨殆尽。

近些年来，"丧"文化逐渐遍布于生活的各个角落，人们的处事方式不再像以前一样充满激情，开始屈服于现状，好像一成不变的安稳便是最好的安排。而积极情绪下的生活态度成为大多数人的不屑一顾：假正经、装清高。这一切都来源于城市化浪潮下，青年们无处安放的理想。

在很多大城市，出来打拼的青年们都租住着像宿舍一样的上下铺房屋，杜哲就是其中一员。从小，杜哲就被父母教育走正道、做正事，在上大学之前他也确实这么做。进入大学之后，身边的各种诱惑开始多了起来，杜哲最初的思想开始转变："有些东西，即使我努力也一辈子都不可能拥有，不如就这么混吧。"

毕业后的杜哲走上了在大城市的求生之路，但不同于部分人的拼搏和努力，他整日躺在出租屋的床上，玩着手机，用家里的钱支撑着开销，钱包见底时，才极不情愿地外出兼职。曾经有人问他："你这样不是自甘堕落吗？"杜哲的回答还十分有理："我家穷，我又没什么本事，未来的房子、媳妇等一切，我都没那么在意，因为在意也没用，不如潇洒地过一天算一天，这叫佛系生活。"

很多人不是天生就有这种混吃等死的消极情绪，看似是败在了现实的脚下，其实是对未来太过悲观，丧失了对生活的激情。从决定"丧"的那一天起，诸如抱怨、不满、悲观等消极情绪就已经开始滋生，最后我们给自己找个借口：那就丧丧地"佛系"生活吧，好像也挺不错的。

若不能让自己内心充满正能量，我们就不会充满激情地去生活，长期的消极情绪会让我们做事心不在焉，很容易放弃。我们身边浮躁、抱怨，这山望着那山高的那部分人，大多碌碌无为、一事无成；而那些在行业内兢兢业业、乐观向上，内心充满正能量的人往往笑到了最后。

有的人一生充满了激情，有的人至死都"丧"。其实找回内心激情的方法很简单，有时候睡一觉，吃一顿美味大餐，或者跟充满智慧的人进行一次深谈，或来一次说走就走的旅行，都可以重拾激情。这些方式有一个共同点：进行合理的情绪释放。

合理释放情绪首先需要我们重新定义失败。失败往往是扑灭激情的灭火剂，失败的记忆会在脑子里重复播放。所以当我们回忆起失败的情形时，要有意识地疏远，从正面看待失败，告诉自己要积极向上，以此来激发内心的激情。

其次，我们还需时刻检讨自己，避免"养老安逸，不思进取"的状态。一件事情成功与否的关键在于是否掌握达成目标所需的技能，内心缺乏激情的人总是选择回避学习，单单应付差事。内心拥有激情的人，精力充沛、活力满满，能够敏感地感受到生活中美好且细碎的一切。情绪舒展了，才能够更积极主动地探索自身的价值和可能性，"妈妈再也不用担心我做事没动力了！"

1%的坏情绪，导致100%的失败

生活中不可能没有挫折、烦恼，那么作为有主观感受的人类，不可能永远处于好情绪中，消极情绪常常伴随着负面事件而来。常听人说："真正心理成熟的人是没有坏情绪的。"其实他们不是没有坏情绪，而是他们善于调节和控制自己的坏情绪。

一个正在发作坏情绪的人非常容易冲动，有时会做出失去理智的事。我们在工作中经常会看到有人因为发脾气而将合作搞泡汤，不是能力不够，而是输给了自己的坏情绪。客观地说，好情绪在生活中占有绝对多的比例，可往往导致恶果的都是那一时的坏情绪。如果不能掌控自己的情绪，那么1%的坏情绪导致100%的失败的小概率事件真会发生。

1965年9月7日，世界台球冠军争夺赛在纽约进行。比赛中，路易斯·福克斯的成绩远远领先于对手。他胸有成竹，因为只要正常发挥，他就可以登上冠军宝座。

一件令他意料不到的小事发生了：正准备全力以赴拿下比赛的路

易斯·福克斯发现主球上落了一只苍蝇,他挥了挥手赶走苍蝇,俯下身准备击球,谁知可恶的苍蝇又落到了主球上,这次他又挥了挥手赶跑它,观众席上发出了笑声。当路易斯再一次要击球的时候,苍蝇又落在了主球上,好像故意要和他作对,观众笑得前仰后合。

路易斯的情绪差到了极点,看着又落在主球上的苍蝇,他失去了冷静和理智,用球杆去击打苍蝇,却不小心碰动了主球。他因此被裁判判定击球,失去了一轮机会,这让他感到很沮丧。第二天,他的尸体在河里被人发现,他投水自杀了。

一个不能控制自己情绪的人,在事业中无法到达成功的终点,在生活中也会让自己悔恨终身。路易斯拥有拿世界冠军的实力,却被一只小小的苍蝇击败了,原因在于他的情绪左右了他的自身实力,他没能控制好负面情绪,最终失掉了冠军甚至生命。

罗伯·怀特曾经说过:"任何时候,一个人都不应该做自己情绪的奴隶,不应该使一切行动都受制于自己的情绪,而应该反过来控制情绪。"坏情绪来袭时,应以理性克服情感冲动,告诉自己"塞翁失马,焉知非福",通过换位思考让情绪稳定下来,事后在恰当的时机以恰当的方式发泄出来,以避免盲目冲动带来的不良后果。

坏情绪存在延续性,从最开始一件很不起眼的小事情产生,然后让接下来的事情一团糟,就像人们嘴中常说的"黑色星期几""流年不利""诸事不顺"。但坏情绪的产生不是以那件不起眼的小事为起点,似乎在很早以前就埋下了祸根,小事只是压死骆驼的最后一根稻草。

凯南前段时间职场不顺,情场也被第三者插足,加之各种琐碎繁杂的小事,坏情绪在心里一点一点酝酿累积。

好不容易熬到五一假期,凯南本打算把各种杂事处理完,好好休息一下,可家里父母的家务事又安排下来,着急忙慌的凯南不小心把自己刚买的平板摔了个粉碎,心中的坏情绪莫名就爆发出来,开始大声埋怨父母,要不是他们要自己帮忙,也不会出这档子事。

下午出门时,凯南的情绪还没有平复,踩油门的力度比平常大一些,差点蹿到大型拉货车下面,还好他及时拐弯,撞到了旁边的围栏,惊得一身冷汗的凯南,趴在方向盘上,浑身瘫软。晚上修理好车子回到家中,凯南哭着向父母道歉:"我不该因为自己积累的坏情绪而向我最亲的人发泄,因为坏情绪,我今天差点回不来,以后我一定控制好自己的情绪。"

生活中的大多数人何尝不是这样呢?如同"萨拉热窝事件"一样,在某一刻终于抓到一个可以发泄坏情绪的引子,然后把家人当作宣泄对象,明明是自己没有处理好情绪,却想当然地让别人来承担坏情绪带来的后果。有的人比较幸运,一次因坏情绪犯下错误就能马上回头,有的人则会被坏情绪拉着造成诸多事端。

提升认知、合理宣泄是处理坏情绪最好的方法。提升认知需要在层层的人生阅历中积累经验,在坏情绪来临时,能够客观认识它的特点和可能引发的后果,从而在主观意识中进行规避。而合理宣泄需要找到方法,通常我们处理坏情绪的方法无非是:忍受、发泄、逃避,但没有人能不厌其烦地听我们倾诉消极想法,强行忍受往往会带来更强烈的反弹，总结下来，最好的宣泄方法就是文字记录。

文字记录能够使我们更清晰地看到坏情绪带来的问题，以此提升认知。看似可取实际上不可取的做法是把坏情绪发泄到吃喝玩乐上，因为这些在坏情绪的影响下都变得毫无体验感，反而会增加内心的烦躁。

有研究表明，长期处于坏情绪中的人血压会明显高于常人，心脑血管发病率也会大大提升。最典型的例子就是三国的周瑜，因为坏情绪而造成心脏骤停，毁了一世英名。毫不夸张地说，坏情绪是生死攸关的大事，不要让那1%的坏情绪毁掉健康的身心。

世界如此浮躁，你要内心平静

世界每天都在发生着巨变：股票指数上升了多少点，创业新秀赴美上市，一觉醒来哪个行业爆发了超级大IP……各种各样的功名利禄在眼前浮现，可我们只是一个见证者。不甘心，内心变得浮躁起来，人人都希望抓住创业红利期，一夜成名，成为成功人士。

对于普通人来说，大部分安全感都来自工作，情绪好坏和业绩起伏成正相关。然而我们从工作中体会到的是煎熬，因为每天都要绷紧一根弦，担心任务考核。因为心情紧绷，人也会变得焦躁不安，很容易为了小事而感到不耐烦。

马可奥勒在《沉思录》中说："人们应该在内心中时时加固心灵的圣殿，否则圣殿将会轰然倒塌，化为灰烬。"真正的强者一定是内心平静之人，他们把追寻心灵宁静当作一种生活态度，通过享受内心宁静，获得幸福和满足。

大学毕业后，卡丽没有像其他同学一样在某个公司入职，因为从高中起，她就整天梦想着创业致富。

卡丽非常急切不安，甚至内心滋生出晚一天行动，成功就离自己又远了一步的危机感。大学毕业后，她再也等不及了，真就跟朋友创业了：租房子、发传单、招聘辅导老师，一个初中辅导班顺势而生。整个操持过程中卡丽仿佛打了鸡血，明明很累，但只要一想到俞敏洪创立新东方的成功案例，就马上精神百倍。

辅导班初见起色，卡丽却远远不满足，她给自己确立了一个暑假招一百名学生的目标，卡丽认为招生是辅导班做大做强的正确途径。于是整个辅导班把主要精力放在怎么扩展生源、如何收更多学费，导致教学质量严重下滑，辅导班开始被学生家长投诉，最后仅有的几十个学生选择中途退出，卡丽的创业梦只能狼狈收场。

"现在的年轻人恨不得一夜暴富，一夜成名，都疯了一般。"这成为当今很大一部分年轻人浮躁心理的真实写照。他们焦急浮躁地给自己定下不切合自身实际的目标，最后不可避免地陷入失败的境地。

社会的发展、科技的更新越来越快，我们每天浸泡在浩瀚的信息海洋里，于是成功学开始迅速崛起，迎合着人人都想在三十岁之前就收获一切的梦想：升职、加薪、成为CEO（首席执行官）、迎娶白富美、走上人生巅峰。我们的媒体喜欢肆意荒唐地去吹嘘：某某辍学养猪半年赚了几百万；来自乡村的无名人士投身创业浪潮，一年跻身富豪榜……不排除媒体报道的种种确实有人做到，可报道中没有说明他们曾付出多少汗水与努力。我们一定要明白的事实是：一个发光发热的新星背后，是几千几万颗泯灭的试验品。

在这样一种浮躁的环境中，我们的内心也随之变得浮躁，渐渐迷失了自己：我到底想要什么？梦寐以求的财富与金钱吗？其实金钱也并不一定就是内心想要的东西，只不过人都有一种夸大现实、忽略汗水的本能，任谁即使拥有平静的内心，看到满地金银也会变得浮躁焦虑。

最可怕的是没有钱借着花，各大贷款业务应运而生，比如网贷、裸贷、校园贷等，各种正规的、非法的，一拥而入，给年轻人来一针强心剂。于是，我们在攀比追求中肆意消费着自己的明天，然后在明天为这些贷款业务的拥有者打工。

宁煌是一个经济上比较传统的男性，前几天参加同事的饭局时得知，一位同事在刚贷款买了房子的前提下，又借钱交了车子的首付款，现在一个月光贷款就要还六千块钱，房子装修钱还没有着落，看架势又得贷。

酒过三巡后，同事哭诉生活太累了。作为一个经济传统男，宁煌吃惊地张大了嘴巴，"那你贷款潇洒的时候没有想到会有这样的压力吗？你贷款买房可以理解，可是没钱的情况下，还要买车。这……"

"当时也没想那么多，身边的人都是这样做的，手里没钱就贷款。"同事解释。"依我看，咱们这样的十八线小县城，买车不过是为了炫耀排场罢了，你这就是虚荣心惹的祸。"宁煌说。同事叹气，又一杯酒下肚。

浮躁风已经波及各个领域，人们内心的平静不易保持。校园里的学生还没有走出校园，就已深陷大量的关系与利益中；职场中的年轻人本领域还没有搞明白，就"这山望着那山高"；学术界的某些"砖家""叫兽",课题研究没有几个,却成了"红人"。我们会感慨别人住的房子比自己的大,别人开的车子比自己的好,盲目攀比、走捷径获得眼前利益的人比比皆是,这也正是浮躁产生的根本原因。

当你深陷于名利浮躁时,多在心里暗示自己:冷静下来。这个暗示可以是一句话、一个人、一件事,然后抽身去做分散注意力的事情,让心情快速平静下来,最好做一些简单重复的工作,比如打扫房间、整理内务等。焦躁不安的时候也可以尝试着接触一些新鲜事物,比如根据食谱做一道从未做过的佳肴、将旧衣服翻新、换一条不同的上班线路等,新鲜感是消除焦躁情绪的诀窍。

抛弃焦躁情绪,身心处于一种宁静状态时,我们才更愿意花更多的时间用平静的心性去打磨高质量的生活。

第三章

重新审视
你内在的负面情绪

情绪管理的ABC理论

很难想象"情绪"这种看不见摸不着的东西还有一套科学的管理方法,因为对大多数人而言,情绪的管理方式无非就是发泄或者忍受。

20世纪50年代,美国著名心理学家埃利斯首创合理情绪疗法中的核心理论——ABC理论。A代表诱发事件,B代表个体对这一事件的看法和解释,C代表个体的情绪和行为。按照我们的惯性思维,应当是事件A发生,导致了情绪C。但是埃利斯发现,实际上,当事件A发生的时候,基于这个事件,当事人会有自己的信念B,信念B导致了不同的情绪C。

根据这个理论,我们可以得知,两个人对发生的同一件事情,会做出不同的解释,导致采取的行动不一样。

"一朝被蛇咬,十年怕井绳"这句话我们经常听到,人们怕的不是井绳,而是当年被蛇咬的记忆。用ABC理论分析这句话,A是井绳,B是当年的记忆,C是害怕的情绪,A引起B,B引起C。事物本身并不影响人的情绪，人们只受对事物看法的影响。在生活中，我们经常会遇到各种各样直接导致我们情绪爆发的状况。

穆勋周一早上挤地铁的时候被人踩到，踩得生疼，对方也注意到踩了穆勋，可根本没有道歉的想法，车一到站便溜之大吉，穆勋只能无奈地摇摇头，自认倒霉。

穆勋慌慌张张赶到公司，已经迟到了十五分钟，正好遇到领导在公司门口卡迟到，好不容易舔着脸面去会议室开会，谁知道自己花费整整一周时间做出来的策划案子直接被领导否了，让人着急的是这个否定甚至都没有一个像样的理由，领导似乎看都没看。在穆勋看来，这是领导对自己迟到的报复，故意找碴。

咬咬牙好不容易熬到假期，父母又打电话埋怨穆勋还没有对象，假期不回家，一点儿都不孝顺，双方各执一词，大吵一架。

经历了这么多不顺心的事，穆勋心中自然产生了很多负面情绪，这是我们每个人的本能反应，仿佛一切不友好都是在针对自己。

接受自己的坏情绪，关键在于不要放任它无限扩大。尤其在职场中，尽快恢复冷静很重要，可以喝杯饮料、吃点甜品，或者找个熟悉的朋友发个牢骚，只有这样才能在压力与挑战并存的职场中很好地生存下去。

ABC理论中引起负面情绪的信念B往往是非理性信念。根据埃利斯的研究，非理性信念大致分为三种，而这三种之间又存在着共同点：关于自己、他人、环境。

"必须做到最好，否则就是我的能力太差。"这样的人容易愧疚与自卑。比如高考失败的人，在这种信念的影响下，完全否定自己，最后一无是处。

"其他人必须像我对待他们那样对待我，否则他们就应该受到惩罚。"人们习惯于用这种等价交换的思维来寻求内心的平衡。

我们想要一样东西时就必须得到，如果得不到，内心就会痛苦。这是一种对于客观环境的固执己见。

而对于理论中A的解读是徒劳无功的，事件的发生不以人的意志为转移，C也不过是个结果，因此我们需要做的就是调整信念B。

泰达失恋了，女友说双方不合适。突如其来的打击让泰达非常愤怒，甚至想报复无情的女朋友，自己明明那么爱她，她还选择分手，真是太可恶了。

而同样的分手事件发生在邹捷身上却大有不同，早就跟女朋友貌合神离的邹捷早就希望跟女朋友分手，但是碍于面子问题，怕主动甩了女朋友落人口舌，所以在女朋友提出分手的时候，他还假惺惺地做出挽回姿态，实际上内心却在偷乐。

两个人的事件A都是失恋，泰达的信念B是：自己明明那么爱她，她还选择分手，真是太可恶了；而邹捷的信念B是：内心早就希望跟女朋友分手。所以最后的结果也完全不同，一个悲伤，一个喜悦。

ABC理论让我们认识到，我们的情绪由信念导致，自己的情绪责任完全在自己身上，因此解决情绪问题的根本在于信念B的调整。"人不是被事情本身所困扰，而是被其对事情的看法所困扰。"古希腊哲学家爱比泰德的这句话跟ABC理论表达了同样的意思。我们经常遇事怪罪别人，就是因为我们只注重从A到C而忽略了B，很多时候不是别人的问题，而是我们一直希望别人迎合我们选择的结果。

应用ABC理论来疏导和管理情绪时，首先要做的一点就是列出事件和自我认知，主要针对的是那些引发不良情绪的事件和错误认知，然后找出非理观念进行纠正，以从根本上改变情绪。往往观念的改变并不容易，需要进行积极的暗示，适当给自己洗脑。这个理论不过是一种方法，但任何方法都抵不过内心对自己偏袒的本能，因此在运用此方法的时候，一定要保证客观。

其实情绪没有好坏之分，只是情绪带来的行为后果有好坏之分。ABC理论只是进行情绪管理而并非消灭情绪，通过疏导，使情绪和主体合理化相处。只有这样才真正意义上为情绪化行为负责，才能做好自己的主人。

习得性无助：当绝望碾碎了意志

连续复习多年，发誓要上清华北大，可是屡战屡败的那个人已经回家卖煎饼果子了；那个哭着喊着爱你一辈子的人，对你进行长达七年的无果追求后，选择与别人结婚。有些人无论怎么努力都于事无补，然后于某一刻突然崩溃，在绝望的情绪中选择放弃。

生活中，当你一次次向一个目标发起进攻，又一次次倒下的时候，绝望情绪就产生了。这是一种很正常的现象，专业说法叫"习得性无助"，也就是说"无助"可以通过学习得到。

心理学家塞利格曼曾经用狗做过实验。第一步，把狗分成三组，第一组施加电击，但狗碰到箱子上的开关时，电击会停止；第二组同样施加电击，但无论怎样电击都不会停止；第三组作为对照组，不对狗施加电击。第二步，把狗放在装有隔板的箱子里，狗可以跳过隔板来逃避电击。

实验结果显示，第一组和第三组的狗很快学会了跳过隔板，第二组的八只狗中，有六只听到蜂鸣器响只是躺下，呻吟抽搐着等待电击。因此得出实验结论：第二组狗在第一步中被迫学会了它们怎么做都没有用的无助感，这种无助感产生的绝望情绪延续到第二步实验中，它们失去了尝试逃过电击的勇气。这种对现实的无可奈何，以及对未来的绝望情绪迫使狗选择"放弃治疗"。

这一在狗身上发现的情绪特点，推广到我们人类身上依然适用。我们也会通过生活中的不顺和失意习得无论怎么努力都没办法的无助感，慢慢地，我们在一次次失败中明白，努力没什么用，便不再努力争取。

难道这种习得性无助没有办法克服吗？不是的。上面介绍的实验中，六只狗无助，但还有两只走出了无助，这就说明无助感是可以克服的。为了证明这一点，实验人员用手帮助那六只无助的狗越过隔板，于是它们发现这种行为能够躲避电击，无助感被治愈了，并且是百分百永久性治愈。

无助感并不是一上来就给人以绝望情绪，它有一个发展过程。第一阶段，我们往往特别努力，希望取得一点儿成就，或者得到他人认可，但事与愿违，在不可控因素下，我们失败了，尝到了挫败和失落的滋味；第二阶段，为了证明自己的能力，我们又努力去尝试，结果同上，我们开始意识到努力和结果并没有太大联系；第三阶段，我们仅有的勇气被接踵而来的失败消耗殆尽，产生绝望情绪，抱着破罐子破摔的心态继续行动；第四阶段，绝望情绪损伤心理认知，进而影响到行为，我们完全处于"废柴"状态，丧失行动力。

刺眼的阳光晃得世樑睁不开眼，但是光的亮度告诉他，现在已然是中午,早上的面试又泡汤了。离职已经一个月的世樑每天都以这样的状态醒来,睁开眼后告诉自己晚上别玩手机别熬夜,可也只是想想。他还是每天去招聘网站上象征性地投上三五个简历,然后继续躺着。

世樑刚大学毕业那会儿,自己开店创业,结果赔得一塌糊涂。家人希望他回老家发展,别在外面瞎折腾了,可是世樑为了证明自己的能力,依然硬着头皮在大城市发展。两年时间换了七份工作,每份工作都是刚过试用期就选择辞职,有的是因为比不过其他优秀同事,有的是因为自己干得不够好而被老板批评。

每换一份工作都是一次失败,世樑的内心也越发憔悴,当初那股子出来闯荡的劲头早已消失,现在已经不敢想未来会是什么样子,只想着能够苟活就行了。觉察到自己内心的无助感,世樑想是不是自己心理出问题了,当"习得性无助"这个概念出现在手机屏幕上时,他突然想起来自己当初创业打拼时的场景。他也曾努力过、奋斗过,只是不知从何时起,就放弃了希望。

如果一个人总是在工作上失败,他就会放弃工作上的努力,怀疑自己"这也不行,那也不行",觉得自己一无是处。其实并不是"真的不行",只是"习得性无助"的心理在作祟,内心把失败的原因归结为不可抗因素,索性在绝望中放弃。这样的例子屡见不鲜,学生群体是最为典型的代表,一次次的成绩不好会让他们认为自己智力有问题,加之家长的"打压",他们可能在几年之内都走不出来,更甚者影响毕业后的人生发展。

长期行为无效的挫败感和外界负面信息是导致习得性无助的罪魁祸首，要想解决无助感，摆脱绝望情绪带来的痛苦，就必须进行调整。首先要客观认识"习得性无助"这一心理现象，在心中告诉自己"我不是傻子，我不是能力不行"。在明确自身问题的同时，多和正能量人群接触，通过社交互动带动自己的积极情绪。我们还要提升自己对社会的认知，树立正确的价值观，不以一时成败论英雄，敢于从头再来。最重要的是，要找到能够解决问题的办法，只有困扰我们的问题得以解决，所有的不幸才会变成万幸。

　　当生活中的希望一个个落空时，要坚定、沉着，绝不能因为失败而陷入无助的旋涡。长久的无助会让我们心中滋生绝望的情绪，只要乐观地坚持下去，在某一天蓦然回首时，生活必然是最初美好的样子。

如何把负面的嫉妒变成积极的嫉妒

看到同事业绩比自己好、同学买房结婚、别人家的孩子成绩优秀,然后比较自身不如人时,心里或多或少都有点不爽,这种"不舒服""不爽"都是嫉妒心理在作怪。

巴尔扎克说过:"嫉妒者所受的痛苦比任何人遭受的痛苦都大,他自己的不幸和别人的幸福都会使他痛苦。"

嫉妒是一种当我们看到他人在某些方面超过自己时产生的恼怒和怨恨情绪,或者我们可以把嫉妒理解为在权益竞争中,对其他幸运者敌视的情绪状态。负面的嫉妒情绪影响我们的心态,带给我们痛苦。但是负面嫉妒不一定带来负面效果,如果利用得当,负面的嫉妒能够成为我们超越他人的推动力。

最近热播的新版《倚天屠龙记》中,周芷若早年便和张无忌相识,两人可以说是青梅竹马,周芷若的心意全在张无忌身上。

宋青书和张无忌本是同门师兄弟,而宋青书爱着周芷若,但他深知周芷若的心里只有张无忌一人。同时,张无忌因中玄冥神掌之毒,自小张三丰和各位师叔师伯便对他关爱有加，后来张无忌又习得盖世神功，在众人面前大出风头，周芷若对这个心上人更加中意。宋青书因为得不到周芷若的心，又比不过张无忌的本事，便将"我爱你，你却爱着他""不如你，就毁灭你"的嫉妒都加在张无忌身上，处处与张无忌作对，进而成为武当派的叛徒。

另一方面，赵敏的出现打破了周芷若和张无忌的暧昧关系，眼看着赵敏一步步走进心上人的心里，周芷若的嫉妒心也开始泛滥，加之恩师灭绝师太坠塔而亡，周芷若的嫉妒情绪放至最大，统统转化为对张无忌和赵敏的仇恨。她开始处处为难自己深爱的男人，甚至不惜练就恶毒的九阴白骨爪，欲杀谢逊而使张无忌痛苦终生。

最后，宋青书和周芷若，两个被嫉妒蒙蔽了双眼的可怜人终于走到了一起，宋青书自以为得到了真爱，并为爱牺牲，周芷若却与之貌合神离。

其实宋青书和张无忌的关系，也算是堂兄弟，宋青书却因为对如此亲近之人的嫉妒而改变了自己的人生轨迹。这只是影视剧中的剧情需要，但实际生活中，也不乏这样的故事。女孩长得漂亮，遭到了室友的嫉妒，遂被室友用硫酸毁容；女孩与男友分手后重新觅得一男友，前男友便将现男友杀害；某大学生因为室友比自己优秀而毒杀室友……

其实这些伤害事件的双方之间根本没有深仇大恨，就是因为嫉妒，别人的优秀让自己有羞耻感，为了平衡这种心理，索性就毁掉一切。

罗素在《幸福之路》中说:"普通的人性的一切特征中,最不幸的莫如嫉妒;嫉妒的人不但希望随时给人祸害,抑且他自己也因嫉妒而忧郁不欢。"可见,嫉妒是人心固有的情绪。嫉妒说明己不如人,我们本应在努力提升自我的过程中获取快乐,却总是在别人的优点中寻找痛苦。

产生嫉妒情绪很重要的一个原因是攀比心理。培根说过:"嫉妒总是来自以自我与别人的比较,如果没有比较就没有嫉妒。"比较是我们的一种天性,就像大自然"优胜劣汰"的规律一样。我们从小就在比较与被比较,出生比斤两,童年比灵性,上学比成绩,毕业比事业和家庭,然后循环回来比孩子。事事都要比较,有比较就有嫉妒,多累啊!可我们还是在嫉妒与比较中乐此不疲。

嫉妒也没有那么不堪,它并非一无是处。凡事都有两面性,嫉妒也如此。嫉妒分为负面嫉妒和正面嫉妒,即消极和积极。消极型嫉妒就是我们常见的看不得别人比自己好,因而做出伤人伤己的事情;积极型嫉妒就是能够客观看到自己在某方面技不如人,但是会以此为激励,不断鼓励自己向上,最终超越他人。如果再进一步挖掘,其实嫉妒无所谓好与坏,关键是我们如何看待它。

邢月一直苦于自己达不到更高的业绩,和她一起进公司的几个年轻人都已升职加薪,还有几个和她处境一样的同事选择了离职。有些老员工间疯传升职加薪的年轻人肯定用了什么不道德的手段,最初,邢月听到这些话语的时候,心里也会有一种莫名的安慰:"原来他们是潜规则了,怪不得我比不过他们。"

不过邢月是个好强的女子，不管你们道德不道德，我就是要超越你们！她不再听信那些无意义的传言，只一心一意做自己的事情，终于一举超越了那几个年轻人。在领取年终奖的那天，邢月默默苦笑："现在轮到我不'道德'了。"

嫉妒的对象是不分等级的，我们可能嫉妒比我们层次稍微高一点儿的人，也可能嫉妒某互联网公司大佬，这就是嫉妒情绪下的仇富情绪。

我们要化嫉妒为动力，改变自己的思维。当思维向消极型嫉妒倾斜时，要告诉自己虚心学习，通过嫉妒找到奋斗目标。要明白人无完人，允许自己有不如人的地方，接纳自己的不完美，而且不要总拿自己的短处跟别人的长处比较，这不是自找没趣吗？

客观认识到自己的不甘心，积极地把对生活现状的不满转化为追逐别人脚步的动力，我们也可以拥有比别人更好的生活。

改变受害者思维,对自己的幸福负责

"受害者思维"这个概念我们并不陌生,但没人会刻意地把这个概念与自身联系到一起,毕竟谁愿意被别人伤害呢?可我们往往在不经意中就扮演了受害者的角色,自觉"我是无辜的"。受害者思维会认为自己受到的伤害都是外界环境所造成,他们的"无辜"是一种本能反应,以此逃避责任并为自己的境遇寻求同情。

我们可能会不屑于受害者思维这种弱小的表现,那就大错特错了。受害者思维的人并不都是弱势群体,相反,很多人能力很强,事业心强,但是依然可以听到他们强悍外表下的声音:"为什么这次升职的人不是我?"受害者思维不是祥林嫂的专属。我们认为自己没有受害者思维的理由是:完全没有要向别人揭示的伤疤,对所有人都表示自己过得挺好。但是你有没有发现自己时常因为一件小事就生气?其实这只是我们的一种假装,是对受害者思维的回避。

拥有受害者思维的人往往将自己摆在弱势群体的位置,然后向外人控诉对方的过错,当得到他人的同情、理解时,内心就会极度满足。如果这个时候对方能够承认他的过错，我们的思维满足会达到顶点，这一点在爱情关系中体现得最为直接。

霞洛刚开始谈恋爱的时候十分幸福，男生在追求她的时候，每到节假日，不用她提醒，礼物就会自动准备好送上门来，真是要什么买什么。

就这样，霞洛和男友的关系越来越稳定，但是新的问题出现了。男朋友不再像以前那样对她好了，以前所有节日他都会送礼物，现在却连一句节日祝福都没有。作为一个女生，放下矜持主动约他出门，这种他以前求之不得的机会，放到现在却不屑一顾。

霞洛开始觉得委屈，男朋友一定是不爱自己了。当她跟闺蜜诉苦的时候，闺蜜建议她放弃。霞洛经过一段时间的挣扎，最终选择了摊牌，她气愤地删除了男朋友所有的联系方式。

备受失恋煎熬的霞洛又开始诉苦："所有的男生都是得到后就不再珍惜，在这份感情里，我一个人始终在付出，却得不到一点儿甜蜜的回报，我再也找不到爱情了。"闺蜜在一旁不停地安慰。

受害者思维下陷入爱情的男女，第一年送玫瑰很好，第二年玫瑰已经不能满足，第三年就要付出更多精力和金钱；刚认识你时善解人意，认识久了就会向往"人生若只如初见"。

有过相似遭遇的人一定都有过这种体会：在一段亲密的感情关系里，主动一方的付出在另一方心中就是理所当然。这样的关系一定不会幸福，最终双方自然会抱怨，推卸责任，直至分道扬镳。在失败关系中，大家习惯把自己置身于"受害者"一方，因为每个人都希望少付出的同时,多获得一点儿关爱。有些人总呼喊着:"有钱的富豪把钱分给我,给我一点点关爱。"似乎有钱人就应该把钱给他们一样,因为他们是弱者,就觉得理所应当。

关于受害者思维,我们都听过一句俗语:"可怜之人必有可恨之处。"很多人之所以悲惨是因为他们选择悲惨,即便有更好的选择摆在他们面前,他们还是会选悲惨。

卜隆是一个"奔三"的程序员,他已经在目前的公司工作数年,用青春和精力换取了高额工资,但是工资不是他的追求,他希望升职。在他的认知里,只有升职,自己才有实力和地位结束自己的单身生活。

但实际情况不容乐观。几年来,身边的同事来来去去,升职加薪的有好几拨人,可始终轮不着他这个老资历。好不容易抓着一个机会,只要做好某个项目就可以晋升,可是自己已经习惯了懒散,导致项目中途换人。

家里平时也给他张罗亲事,但他不是嫌弃这个太矮,就是嫌弃那个太黑,要么就是人姑娘看不上他。可以说卜隆现在是事业爱情双失利,聚会跟朋友诉苦,却尽是数落天命数落人,从不数落自己。

拥有受害者思维的人,除了伤害自己的能力强大,改善其他矛盾冲突的能力几乎没有。这样的人不愿意主动承担责任,总是在为自己开脱,好像全世界都欠他们的。这种受害者思维引发的自私行为,会让自己的人际关系变得紧张。但受害者思维也拥有一定好处,才会让如此多的人痴迷:让自己处于受害者模式,不需要为命运负责的同时，还能享受他人的关注与安慰，又可以保留自己的"伪装"，同时心理获得巨大的优越感。

陷入受害者思维的时候，你需要立即问自己几个问题：我在抱怨什么？是什么掌控了我的情绪？当你意识到受害者思维带来的情绪出自哪里时，不要逃避，也不要寻找所谓的拯救者，要勇于直面现实，明白没有完美的环境和人，只有改变才能成就自己，强者就应该负起自己的人生责任。多转换思维，强大是重建自我力量的积极因素，不要总想着自己如何悲哀。

内心真正想变强的时候，总会找到生活的力量，从而摆脱受害者思维带来的消极情绪困扰，找到幸福的方向。

认识消极的自我对话

我们往往会进行消极的自我暗示："我会失败，我做不好，我没希望了。"不知出于什么样的心理，做什么事情之前，都免不得会和自己进行一番消极的对话。而这个消极的对话，将会成为强烈的心理暗示，在很大程度上限制了行动的积极性。当你认为自己不会成功的时候，最后真的不会成功。

消极的自我对话往往来自一时的不良情绪，这种情绪可能源于童年某些糟糕的事件带来的心理阴影。消极对话会滋长诸如恐惧、焦虑、忧虑、抑郁等负面情绪，进而影响到实际的能力水平和事情的结果。

杜锡是公司里的老员工，多年来他勤勤恳恳，做好自己的本职工作，在那些急于向上爬的人中从来看不到他的身影。

恰逢最近公司的一个主管辞职，大家都认为这是晋升的好机会，个个摩拳擦掌，跃跃欲试，其中不乏实力雄厚的员工。老板通过一段时间的观察，终于发现了不显山不露水的杜锡。

老板通知杜锡周一早上去办公室找他，准备告诉他这个消息。而当时杜锡手头正好有一个项目做得不是太理想，已经被客户批评了好几次，还没进办公室的门，杜锡已经开始在心里暗暗揣测：是不是客户投诉到老板这里了？是不是要批评我，然后再把我开除呢？

心怀不安的杜锡走进了办公室，老板开门见山地说明要把他升为主管。杜锡听到这个消息，并没有想象中的喜悦，反而立马愁容满面。他焦虑地告诉老板，自己连手头的工作都做不好，主管这么大的责任，万一工作上犯了什么错误，自己担待不起。

看着杜锡一脸恐慌，不像是故意推辞，老板同意了杜锡的拒绝。本该升职的杜锡继续安安分分地做着自己的小职员工作。

我们经常忽略这种自我消极对话的影响，因为这不过是脑海里一闪而过的想法，并没有实际指导我们的行动。但就是这个微不足道的想法，让我们不断地为自己找理由。性格内向的人会想："我不好意思跟人说话，我张不开嘴。"这是潜意识避免自己陷入与他人交谈的尴尬。

我们的感受和行为方式在很大程度上会受到消极的自我对话影响，最后这种消极的自我对话极有可能成为真实的情景再现。

曾经有一个表演悬空走钢丝多年的人，在很长的表演生涯里，他没有一次失误，而一次失误的代价就是死亡。

在一次走钢丝表演前的晚上，他做了一个梦，梦到自己走钢丝失败，掉进了万丈深渊。他一下子惊醒，浑身都是冷汗，暗暗庆幸还好只是一个梦。

第二天，他和往常一样，准备走钢丝表演。在即将上去的时候，一个古怪的念头出现在脑海里：今天走钢丝会不会失败呀？不过他随即摇了摇头，打消了这个古怪想法：哎呀，瞎想什么呢，不过是昨晚的一场梦而已。

但当他走上钢丝的时候，他意外发觉，从不恐高的自己，对脚下的山谷竟如此畏惧。本想回头，但是看着周围那么多人在期待自己的表现，他还是硬着头皮前进。当走到一半的时候，那个奇怪的想法再次出现在脑海里，他望着深渊，一阵眩晕，然后失足摔下。

每个人都习惯臆想出许多消极想法来否定自己，这实际上是一种不自信的自我批判。自己在脑海中塑造出一个"我不可能完成"的难度，强加到自己"笨拙、愚蠢、失败者"的印象之上。当我们不断地为自己灌输消极思想，这些非理性的看法便会融入生活中，我们的自信将会被大量的消极情绪淹没。因此，进行积极的自我对话是十分有必要的。

首先要从自身想法下手，找到负面对话的来源。当这些想法蹦出来的时候，不要急于扑灭，因为这些消极对话很可能就反映了我们当前做得不好的地方，比如"孩子怎么这么讨厌我？"这个时候我们可以想象一下，是不是自己的工作和生活时间不协调而忽略了孩子。所以，当消极对话出现的时候，先问自己一句："这是真的吗？"然后根据这个对话，来反证自身实际情况，找到想法的来源，并加以解决。

如果脑海中出现关于不自信的对话，比如还没做就想着失败，还没做就想着做不成。这种情况下，我们完全不必给自己提前界定成功与失败，我们可以想一下最坏的结果是怎样的，我们能不能承受。人要想得开，毕竟"人生除了生死，其他的都是小事"。

如果目标比较大，一时看不到结果而触发了消极的自我对话，那么可以先规划一个小目标，在一个个小目标的完成过程中，不断积累自信，驱赶消极情绪。

心中拥有正能量，将自我怀疑转化为自信，久而久之，那些挫败困苦便会逐渐消融，你再也不会被消极的自我对话所困扰。

你所谓的焦虑，不过是对未来的恐惧

"适度的焦虑对实现自我价值有着积极作用"，这是心理学家的观点。可如果陷入了焦虑情绪的旋涡里不能自拔，人身行动便会被无形束缚。大多数人的焦虑情绪无非源于两个方面，一个是无力改变，一个是准备不足。对于前者，我们可以选择放下，而对于后者，就必须逼迫自己积极行动，与惰性斗争。

无论身处人生哪个阶段，焦虑总会跟随。上学时，会为以后就业焦虑；就业后，会为未来发展焦虑；结婚前，会为婚后幸福焦虑……其实这些所谓的焦虑，都不过是因我们自己对未来生活的不确定而产生的过度恐惧而已。

三个死刑犯在行刑前均被告知：想要免于死刑，重获自由，就走进不远处的大门。只有一个人选择进入大门，其他两个人因为内心对未来的新生活产生了焦虑情绪，没敢去尝试。

著名电影《肖申克的救赎》中那个老图书馆馆长，在监狱里待了一辈子，终于重获自由，可是他出狱后发现，自己是一个跟不上时代的人，已经完全适应不了外面的世界。他终日在恐慌中生活，最后选择上吊结束了自己的生命。在监狱里什么都可以弄到的瑞德最后也假释出狱了，重获自由的感觉并没有想象中那么美好，他也很难适应外面的世界，内心恐慌不安，一度想要自杀，幸亏想起了安迪说过的话，他才有勇气活下去。

我们期待着将来，同时也为将来焦虑着，因为将来有太多不确定因素，我们无法确保在这些因素中能全身而退。正所谓"计划赶不上变化"，人生有90%以上的焦虑都只存在于自我想象中，所以没事儿别老想着以后。很多事我们无法提前预知，想得太多除了徒增焦虑，别无益处。

宋菲从小就深受"未雨绸缪"思想的影响，凡事都要"打好提前量"，并且总是为"明天"的事情焦虑：怎么才能做好。有一次，宋菲接到通知，下周公司举行年会，她要作为员工代表上台演讲。

这个突如其来的消息可把宋菲搞蒙了，这是长这么大以来，自己第一次上台演讲，还是当着那么多人的面，要是忘词了怎么办？要是自己说话结结巴巴怎么办？总之，各种可能发生的情形都出现在眼前。从接到通知的那一刻起，宋菲的情绪便一直处于焦虑之中。

为了甩掉这个包袱，宋菲找到自己的领导，请求换一个人来执行这个任务。领导看到这个员工如此畏难，反而更加坚定地说："就你了，不用选别人，好好准备，锻炼一下。"

换人请求无果，又不能辜负领导的一番好意，宋菲果断抛弃之前的各种焦虑想法，开始着手准备演讲稿，然后一遍一遍地练习。

当演讲结束后，宋菲自己都为自己感到吃惊。整个过程非常顺利，演讲效果从听众们热情的掌声中就可以感受到。从那之后，宋菲摆脱了对未来的焦虑。

那些总为未来焦虑的人非常期望得到认可，他们会花费大量时间来担心自己可能面对的失败。有的人因为过去的失败而焦虑未来，他们防微杜渐，担心未来再次面对同样的失败，然而越是这样焦虑，坏事越容易在自我暗示中来到。不要担心不可预知的未来会怎样，或好或坏我们现在不能确定，与其一直焦虑未发生之事，不如好好活在今天，在当下努力提升自己。

毕业后参加工作的第一年，铭宇没有睡过一个安稳觉。每天要拖着尚未苏醒的身子坐最早的地铁，工作任务永远做不完，加班更是成为常态。看似每天在忙碌奋斗中度过，实际上铭宇天天都一身疲惫地回到自己的出租屋，内心充满焦虑。

短短一年时间里，铭宇被一家接一家公司辞退，原因是他对公司没有什么贡献值，对未来也没有清晰的规划，整天在公司混日子。几次被辞退的经历让铭宇对自己的未来产生了焦虑情绪，他无法找到对未来的安全感，又不想在这种焦虑中沉沦。

他开始为自己找事情做，开始看工具书，学习一门技术；开始拒绝熬夜，去健身；开始坚持每天写日记。铭宇把每天的时间都安排满，并且努力去做，在这个过程中他找到了自己要走的路，成了一名作家，并学会了真正行动起来。

如果司马懿当初就为司马家未来的皇帝梦而焦虑，恐怕早已精神失常。我们应做的是在一步步的行走中找到自己的将来，然后努力在当下。

"不知道未来会发生什么"已经成为当今社会发展下人们的共识，毕竟社会发展太快，一时雄起的大企业都不知道自己将在何时被踢出局。一个人对未来有多恐惧，可以从他的焦虑程度看出来。以前最基本的生存就能满足我们对于未来的憧憬，现在人们却完全在为不着边际的幻想而焦虑，然后又在未来亲自一脚踢翻这个幻想，这也是为什么现在社会那么多人都有抑郁情绪的原因。

如果非要推荐一款治愈焦虑的良药，那就是"行动"。如果有着对未来的野心，却又充满焦虑，那一定是能力还不足以匹配野心。能力不足的时候，就少点欲望和幻想，多点行动和踏实，牛奶和面包终都可以通过努力得到。

能力强大之后就不会再被未知的焦虑打倒，如果现在还在焦虑未来，请放松下来，安安稳稳睡个好觉，行动起来，明天一定很美好。

为什么你会越努力越焦虑

"越努力越焦虑"这句话在常人看来简直可笑,明明应该是"越努力越幸运"才对嘛。在大多数情况下,努力确实是决定一个人成功的关键品质,但如果努力并没有改善自己的现状呢?你还会傻乎乎地对自己说"幸运"两个字吗?努力却没有获得预想效果,无非两个原因,一个是努力方向不对,另一个是比我们优秀的人更努力。

我们身边有很多努力的人,他们早出晚归,过着家、办公室、餐厅三点一线的生活,但他们展现出的依然是一副焦虑的样子。我们不禁疑问:"为什么这么努力了,对生活还是很焦虑?"其实他们焦虑的不是努力本身,而是努力后想得却不可得的结果。欲望得不到满足才是"越努力越焦虑"的根本原因。

心爽在毕业之前,就已经开始为就业努力了,各种考证,各种参加活动,在常人眼中她绝对担得起"优秀"二字,然而这么优秀的人毕业找工作却处处碰壁。

眼看着身边的同学一个个都已找到工作,自己作为别人口中的优等生,却还没有个眉目,心爽慌了。内心的焦虑感与日俱增,她开始怀疑自己的努力和能力是不是有问题,就连那些曾经的"差生"也一个个都比自己强。

有时候我们努力过后没有得到想要的结果,就会产生失意和焦虑情绪。努力也可能成为制造焦虑情绪的怪物,而且越努力,越无力。

欲望是无穷无尽的,这一点大家心里都清楚,尤其在这个遍地是黄金的时代,人们对于财富的追求几近痴迷,没有最多,只求更多。

沈辉刚入职的时候,每个月赚五千块钱,除掉房租、交通费等所剩无几,他非常焦虑。后来,一年赚十万了,他却更焦虑了。因为他工作一年,就算不吃不喝,也买不起一个卫生间。他想如果每年能够赚五十万就好了……如今,他创业年入百万,但仍然不快乐,甚至更加焦虑。他担心的事情也越来越多:市面上的产品更新太快,同行最近上新货了,公司的优化排名被挤下去了……

李先生曾经是一名普通的小商贩,现在坐拥亿万资产。这个成功的商人拥有普通人一辈子都得不到的一切,他却一度想要自杀来寻求解脱,因为他患有严重的焦虑症。

李先生刚创业的时候,月收入只有可怜的三千块钱,各种开销除外,所剩无几。那个时候他就产生了轻微焦虑情绪,"如果一年能赚十万块钱就好了",这是他当时的目标。

一番努力经营之后,他如愿达到了一年十万的目标。但此时他的焦虑没有改观,反而愈加严重:"十万块在这大城市也只能买一块地板砖,如果一年赚一百万就好了。"一个新的追求目标又定了下来。

几年之后,他真的能够年入百万了,本想着凭借现在的成就可以享受幸福生活,可是自己又陷入了莫名焦虑的怪圈中。努力已经不能够缓解焦虑了,没有办法,他只得求助心理医生。医生的回答直击要害:"一直以来,你认为自己赚到一定的金钱后,内心就能得到满足和平静,而你却一次次努力追求更大的目标。或许你应该放缓自己的努力,享受生活。"

努力还焦虑的人一开始的努力动机就是焦虑驱使,而不是出于自己的热爱。因为无法得到他人认同而产生了焦虑,努力不过是摆脱这种焦虑的手段。他们会努力变强,然后在强大之后,获得"二次焦虑",因焦虑的努力而产生焦虑,最终无法感受努力的意义。

约翰·列侬曾经说过:"当我们正在为生活疲于奔命的时候,生活已经离我们而去。"我们整日绷着神经工作,完全忽略了休息,丢弃了曾经的兴趣爱好,活成了"人工智能",这样的我们只能边努力边焦虑。网络中很多人对"越努力越幸运"的言论深信不疑。这样的文字在向人们灌输一种错误的认知,让处于人生起步阶段的年轻人陷入努力的焦虑中。

必要时候要放弃那些无谓的努力,但这让"努力成功论"的群体接受不了。"放弃努力"这四个字本身就会带来一种恐慌情绪,生活已经如此艰难,还要放弃努力,人生会不会变得更糟糕?就像初学游泳的人,当双脚不着地的时候,心里满是慌张,如果能抓住点什么东西,即使是一条蛇尾巴也会不惜一切地抓住它。我们深信努力可以变有钱,努力可以成绩好,不努力就是废物……就这样,我们放弃了生活中真正的兴趣所在，转而沉迷于努力，困扰于焦虑，不能自拔。

既然努力也焦虑，那要随波逐流吗？当然不是，努力要控制在一定限度内，一旦发现自己产生了对结果的焦虑情绪，立刻停下来，转移一下注意力，切忌急功近利。在选择生活方式时，要以乐趣为中心，然后用正确的努力方式活成理想中的样子。

悲伤——一种能促进深沉思考的反应

我们常常会过度夸大悲伤情绪的负面影响,认为它会影响判断力,如果可以摆脱这种情绪的困扰,我们的头脑将更加清醒。

失恋了会悲伤,亲人去世会悲伤,朋友分别会悲伤……悲伤仿佛总是伴随着坏事情而来,它伤心又伤身,人们对它总是抱有厌恶的态度。但事实是,悲伤情绪往往从"失去"中产生,当悲伤来临时,人们的思维反而会变得敏捷而深刻,过去"拥有"的画面不断在脑海中呈现,此时正是进行反思的好时机。

有一位作家这样评价悲伤的正面意义:"这是一种能促进深沉思考的反应,能更好地从失去中取得智慧,从而更珍惜目前所拥有的。"这么说来,悲伤并不总是坏事,虽然悲伤在很多时候意味着失去,但正是失去的深刻教训,才能帮助我们认清自己的内心,从而更加珍惜现在拥有的东西。

电影《大话西游》中,至尊宝失去紫霞仙子的时候,流着泪说:"曾经有一份真诚的爱情放在我面前,我没有珍惜,等我失去的时候我才后悔莫及，人世间最痛苦的事莫过于此。如果上天能够给我一个再来一次的机会，我会对那个女孩子说三个字：我爱你。如果非要在这份爱上加上一个期限，我希望是……一万年。"

至尊宝在悲伤中懂得了紫霞仙子于他而言的真正意义，明白了自己内心真正爱的人是谁。正因为心中在乎，所以会为失去而伤心，然后开始反省，真正做到"有则改之，无则加勉"，避免重蹈覆辙。

一位心理学博士曾经说过："如果'坏情绪'经受住了进化的考验，那么它具有某种生存优势。情绪不仅影响我们想的内容，还会影响思考过程本身。这种影响是激发创造力的重要力量。"

悲伤作为一种"坏情绪"能够让我们更加具有怀疑精神。在情绪低落的时候，大脑不会过于依赖简单的刻板印象，而是能够更加精准地判断事件是否具有欺骗性。

心理学家乔·福加斯认为："在很多时候，悲伤能够促进'最适合处理费心状况的信息处理策略'。"

乔·福加斯做了一个实验来证明悲伤情绪的合理性：他来到了澳大利亚悉尼郊区的一家小文具店，然后将一些小玩具放在收银台旁边。

整个实验过程中，福加斯要求结完账出门的购物者尽可能回忆刚才收银台上放置的玩具是什么。他想用这种办法来测试购物者的记忆。

福加斯分别选择雨天和晴天来测试不同情绪对于人们记忆的影响。他会在阴雨天播放威尔第的《安魂曲》来烘托悲伤的气氛，而在晴天播放吉尔伯特与沙利文的欢快乐曲。

最后得出的实验结果表明：人们在心情悲伤的阴雨天记住的小玩

具数量是晴天时的四倍。这也说明，人们对于痛苦的记忆印象比美好的记忆更加深刻。

我们长期处于快乐中，就会对快乐习以为常，只有当事情突然恶化时，我们才能明白快乐的可贵。分手之后的恋人喜欢回顾热恋时的甜蜜；离别时的人们喜欢回忆相伴的时光。悲伤能够衬托出快乐存在的意义，悲伤也可以为快乐打好坚实的基础。

雪珊刚毕业那几年，经常去各个剧组试戏，每每因为自己的形体条件而被淘汰，她都会感到悲伤。渐渐地，雪珊养成了凡事先往坏处想的习惯。

痛定思痛，她逐渐认识到，被淘汰一定是自己做得还不够好。为了得到出演机会，她开始积极锻炼，并开始不间断地"跑龙套"，借此来磨炼自己的演技和心态。

当初，雪珊陷入失败后的悲伤时，没有选择知难而退，而是从悲伤中清醒地认识到了自己的不足，进而继续努力，以求达到预期水平。雪珊真正做到了"化悲伤为力量"，她总是以更高的标准要求自己，但面对自己确实不能胜任的工作，她也能干脆放弃。

孟子说过："生于忧患，死于安乐。"当人们处于悲伤的情绪中，才会促使自己想尽办法去改变。比尔·盖茨常对自己的员工说："微软离破产永远只有十八个月。"在悲观情绪中，员工会更加关注细节，寻找更多的办法解决问题。所以，我们不要去排斥悲观情绪，多认识、了解它的正面意义，并积极地接纳、运用它，才能更加从容地面对生活。

第四章

坏事不可怕,
坏情绪才是最可怕的

人人都有情绪周期

有时候我们会毫无来由地心情不好,干什么都提不起精神,其实就像一年有春夏秋冬的四季变化一样,人的情绪也是有周期性变化的。

所谓"情绪周期",是指一个人的情绪高潮和低潮的交替所经历的时间,也就是人体内部周期性张弛的规律,也叫"情绪生物节律"。人如果处于情绪周期的高潮,就会表现出强烈的生命活力,对人和蔼可亲,感情丰富,做事认真,容易接受别人的规劝,常感到幸福与愉悦;若处于情绪周期的低潮,则容易急躁、发脾气,易产生反抗情绪,喜怒无常,常感到孤独与寂寞。

李清华在一家公司做销售,平时压力非常大。后来他看了一本书——《做一个伟大的推销员》,了解到了自己的情绪周期。大概是每个月20号到月底,期间整个人一点儿精神都没有,客户也不想见,什么事情都不想做,只想早点回家睡觉。

本来看了书之后应该做出调节,他却陷入了恶性循环。他会在20

号前就担心并恐慌着情绪周期的到来,又在情绪周期中心情压抑、胡思乱想、失眠多梦,没一点儿心思工作,甚至连呼吸都不是很正常。濒临崩溃,李清华甚至有了逃离这个世界的想法。

情绪周期就像是人的情感晴雨表,我们可以据此做好计划。比如情绪高涨的时候安排一些难度大、烦琐、棘手的任务,因为人在良好的情绪状态下可以更勇敢、不畏艰难;而在情绪低落时就不要勉强自己,可以先做些简单的工作,或干脆放下手头的事,休息一下,多参加群体活动放松思想,多向信任的亲人和朋友倾诉烦恼以寻求心理上的支持,把不良情绪化解掉,安全度过情绪低潮期。如果情绪低迷时还坚持做复杂而艰难的工作,会降低效率,还会由于失败而产生自卑心理。

有科学研究表明,大部分人的情绪周期是与生俱来的。从出生的那一天开始,一般二十八天为一个周期,周而复始。每个周期的前一半时间为"高潮期",后一半时间为"低潮期"。在高潮与低潮之间,即由高潮向低潮或由低潮向高潮过渡的那几天,是"临界期",一般持续两至三天。临界期的特点是情绪不稳定,机体各方面的协调能力差,易发生事故。

掌握了情绪周期,就应该将其应用到我们的日常生活中。遇上低潮和临界期要提高警惕,运用意志力控制好情绪。或许我们也可以把自己的情绪周期告诉亲人、朋友,一方面,他们能提醒你,帮助你克服不良情绪;另一方面,也可以避免不良情绪给你们之间带来不必要的误会。

简单地说,所谓情绪是指个体受到某种刺激后所产生的一种身心激动状态。从心理学上说,情绪是身体对行为成功的可能性乃至必然性,在生理反应上的评价和体验,包括喜、怒、忧、思、悲、恐、惊七种。行为在身体动作上表现得越激烈,就说明这个人情绪性越强,如喜会是手舞足蹈、怒会是咬牙切齿、忧会是茶饭不思、悲会是痛心疾首等,这些都是情绪在身体动作上的反应。但是一般的小情绪不会引起身体动作上的反应。

每个人都能明显地感受到自身的情绪状态,但是控制其所引起的生理变化或行为却不是每个人都能做到的。人在处于某种情绪状态时,这种情绪状态是主观的。因为喜、怒、哀、乐等不同的情绪体验,只有当事人能真正地感受到,别人固然可以通过察言观色去揣摩当事人的情绪,但看到的也只是表面现象。

虽然人们都可以了解情绪周期,但是情绪所伴随的生理变化与行为反应,却是当事人较难控制的。情绪每个人都会有,心理学上把情绪分为四大类:喜、怒、哀、惧,四大类下面又分出了很多的小类。只有了解了自己的情绪周期,然后做好计划,确定在什么时间做什么事,才能更好地掌控情绪,更好地生活和工作。

学会接纳自己的坏情绪

坏情绪诸如愤怒、伤心、绝望、沮丧、抑郁等往往会在不顺心的时候出现,如果一味地排斥,只会给心理造成不可磨灭的伤害,所处境遇会越来越糟。

面对坏情绪的烦扰,有的人选择瞬间爆发,结果伤害了身边最亲近的人;有的人用心与坏情绪和解,不把坏情绪强加给别人。试着接纳自己的坏情绪,就会在接纳中发现坏情绪的积极意义,从而打破束缚,从情绪的旋涡中挣脱而出。

韩夫人的儿子参加了抗美援朝战争。有一天,她突然接到了儿子牺牲的电报。自从丈夫去世后,儿子是她在世上唯一的亲人了。收到噩耗的韩夫人每天都在悲痛之中折磨着自己,完全没有做事的心思。在伤心了一段时间之后,她决定辞掉工作,去一个陌生的国度了却余生。

韩夫人出发之前整理东西时,发现了一封早年间儿子写给自己的信,那是在丈夫去世时写的。儿子在信中写道:"你一定要勇敢地面对生活，因为你是世界上最伟大的母亲，你不会让我失望的。"

韩夫人一边读着信，一边痛苦流泪，脑海中不断地泛起那句话："你不会让我失望的。"

经过一番纠结的思想斗争，韩夫人决定不再离开。她将悲伤的情绪转化为活下去的动力，把痛苦的记忆封存心底。每当她痛不欲生时，便会想起儿子的话语，然后不断叮嘱自己："我改变不了什么，我不能总活在悲伤中，我要坚强生活下去。"

面对坏情绪，无论我们选择抱怨还是逃避，抑或是默默忍受，只要我们还沉浸其中，这些负面情绪就只会在心中越积压越多。生活和工作中，我们都会遇到无法解决的困难，此时情绪就会出问题，如果任由问题发展下去，只会给我们徒增新的烦恼。

反过来看，当我们选择接纳坏情绪时，它就会以不同的方式发泄出去，不仅不会对身体造成什么危害，还会强化我们对现状的认知，进而让我们采取积极措施改善情绪。

从小接受的教育都告诉我们，遇到坏情绪，必须尽快解决掉、发泄掉，其实这是一种悖论。研究发现，人是可以对情绪进行自我调节的，这就意味着积极调节它、接纳它、利用它，强行不接受就是强迫身体改变生理机制，反映在精神上自然就是消极怠工。

一个年轻军官接到被调往西藏的调令，因为刚结婚，妻子不舍与他分离，便决定跟他一起去。

在妻子的想象中，西藏有着碧空如洗般的美好，可是真正到了西藏以后，她才发现是自己想得太美好。西藏地处高原地区，低温缺氧,昼夜温差很大,他们住在临时搭建的木屋里,最让人感觉糟糕的是当地人不会说普通话,日常的沟通交流都有问题。

在这里生活了一段时间之后,因为受不了日益增长的消极情绪,妻子给闺蜜写信诉说生活的艰难困苦,萌生了回去的念想。

闺蜜收到她的诉苦信之后,在回信中写道:"一间牢房有两个囚犯,但是他们两个看向同一个窗外,一个看到了沙漠,另一个看到了仙人掌。"妻子收到闺蜜回信后,有所觉悟,坚定信念要找到所谓的"仙人掌"。

从那以后,她迷上了西藏文化,开始学习研究古老的西藏文明,认真研读高原植物方面的书籍,并且用自己所学的知识帮助当地人种植蔬菜。几年时间里,她出版了多本关于藏文化的研究书籍,成了藏文化方面的专家。

有时候现实就是这样,我们无法改变环境变化而产生坏情绪的事实,但是我们可以改变自己面对坏情绪的心境。

当然了,我们面对坏情绪的突袭并不是无能为力,管理情绪很重要。当坏情绪奔涌而出时,不妨先做几次深呼吸,让大脑重新掌握对情绪的控制权,待冷静下来之后,再想办法解决问题。如果不能用冷静的方式处理坏情绪,索性就发泄出来,但这并不意味着发泄在别人身上,我们可以通过运动、社交、倾诉等积极正面的方式去缓解,还能丰富自己的生活。

逆境会不会是命运给我们的考验?"塞翁失马,焉知非福",人生际遇谁也说不准。如果遭遇不幸就陷入坏情绪中,毫无作为,那注定在哀叹、抱怨中失去良机。作为情绪的主人，我们不能被坏情绪束缚。

人生并不是一帆风顺的，产生"坏"情绪的事情太多了，我们要学会接纳自己的情绪。情绪是一种不代表客观现实的主观感觉，只有试着接纳自己的坏情绪，学会改变自己的心态，驾驭自己的心情，才能留住快乐、享受美好生活。

身处逆境不可怕，悲观才是最可怕的

悲观指的是一种倾向性，简单来说就是我们基于现实情况，对未来消极的预期。生活中总是会有一些人，他们面对逆境时，习惯考虑不好的结果，然后在悲观的心态中产生负面情绪。悲观的人遭遇一点点的挫折，就会无限放大，恶意给自己强加悲伤的戏码。

如今悲观主义充斥在各个领域、各个年龄段的人心中。悲观的人只会看到悲观面，他们总是不快乐。乐观主义者看到半杯牛奶时会说"我还可以喝半杯牛奶"，而悲观主义者会说"再喝半杯就没了"。但当我们看到悲观者消极的同时，难道没有发现这悲观之下潜在的动力吗？

大学毕业的杜寰宇选择了北漂，用他自己的话来说："这是一场乐观与悲观并存的旅行。"每天要早早爬起来挤地铁，月薪都给了房东，没有一技之长和人生方向，好像过得挺自在，却又十分空洞。"没有一个有钱的爹，只能靠自己，可是靠自己又很难成功。哎，反正也就这样了，就好好地改造地球吧。"每当想到自己的美好愿望，他便苦笑一声,长长地叹出一口气,整天在悲观心态的浸泡中度日。

一次偶然的机会,他发现承包美食城项目可以轻松收取租金赚钱,跃跃欲试的同时,担心投资失败的不安也在心里泛滥。"反正这辈子也就这样了",这个想法又出现在脑海里,于是杜寰宇背着父母悄悄贷款,因为担心赔钱,他对美食城的管理更加上心,第一年便赚了几十万。

悲观者在一开始做事时,思想消极无为,准备不济,但是这种悲观心态往往能够承受更大的打击,让他们不惧失败,这类似于"悲极生乐"。悲观的同时避免了盲目乐观,使人拥有了在逆境中"搏一搏,单车变摩托"的勇气。勇于面对挫折才能坚强,其实勇于想象挫折更能让人成长,悲观者把事情的不利面纳入了自己的思想范畴,在逆境中的承受力远超乐观者。

有时候,悲观不是出于内心的自主性,而是源于外界的迷惑性。现在是一个信息化社会,前一分钟发生在世界各地的事情,下一分钟就会出现在手机屏幕上,而且各种新闻资讯信息的真实性审查都不够严谨,没有分辨能力的普通人很容易被带跑偏。

2011年3月11日下午,日本东北部海域发生九级地震,造成了日本福岛核电站爆炸,核泄漏让周边的国家陷入了核辐射的恐慌之中。

科学家检测到泄露的核物质已经随着空气飘到俄罗斯远东地区,某些投机商人趁机开始了虚假的信息宣传,他们声称:"防范辐射有效的措施和手段就是摄入一定量的碘元素,尤其是服用碘盐。"几天之内,这样的信息便在网络上流行起来,谣言愈演愈烈。

全国人民在不明所以的情况下，疯狂抢购碘盐，直至我国官方说法出台，这场抢盐风波才落下帷幕。

网络时代，每一个人都是信息的接收者和传递者。所以，我们有责任在突发事件面前保持理性睿智的态度，传播正能量，切不可因为某种"毁灭性的大灾难"而陷入悲观之中，成为不明所以的"吃瓜群众"，那样不仅仅带来的是心理上的悲观，更是我们愚昧的悲哀。悲观心理的产生主要有两个因素——先天基因和后天环境。2007年某一期的《自然》杂志上有一项研究成果：32%的人生来就拥有一种变异基因，使得他们对人生持更悲观的态度。科学研究告诉大家一个事实："有一部分人生来就很悲观。"

而有些人的悲观是受后天环境影响形成的，这就不能用"有的人天生乐观，有的人天生悲观，人和人不一样"的观点来解释了。

过分自信之人被现实打压得体无完肤之时，悲观主义就出现了：过高估计自己的能力，现实里想得却不可得。

发达的传媒手段让坏消息更快更夸张地传到大脑中。比如在2012年的时候，就有人传言世界末日要来了。很多悲观人士借着"末日来临"的契机，疯狂打砸抢烧，无恶不作。然而事实证明，这些所谓的灾难皆是谣传，真正催动我们的是心中潜藏的悲观人性。

悲观主义形成的最后一个原因是迎合大众精神文化的需要，难道我们真的需要悲观文化吗？我们已经厌烦了从古至今盛行的乐观主义，纯粹的乐观主义已经被淘汰，一定的悲观情节反而能够引起大多数人的共鸣，于是一股"众生皆苦"风刮起来了，类似"丧文化"

"标题党"等与传统相违背的观念开始"蓬勃"发展。

　　针对悲观心态的调整，首先要做到正确定位自己的能力，不要太高估自己。知道自己的局限才心存敬畏，就不会因为一时的得失而悲观地面对未来和社会。"好事不出门，坏事传千里"，当我们没有能力判断事实前不要随风谣传。坏消息会在传播的同时造成大面积的悲观和恐慌，学会过滤信息是信息时代保持乐观的法宝。其次，当"丧"或者"被丧"时，一定要保持客观和理性，我们可以多种文化融合交流进步，但是绝不能失去积极向上的本心。

　　很多人都想乐观地对待生活，但是各种沮丧、失望在不停地打磨人心。悲观的人不是无能为力，而是遗忘了初心。要么放弃悲观彻底觉醒，要么利用悲观后来居上，这才是迎接美好生活的正确姿态。

不抛弃，不放弃

"放弃很容易，但是坚持下来一定很酷。"这句话出自《解忧杂货铺》。有两种人对这句话感触最为深刻，一种是放弃的人，他们会说："是啊，放弃真的很容易。"另一种是坚持到底的人："庆幸当初自己没有放弃，想想那时，再看看现在，确实很酷，很骄傲。"

相同的时间内，相同的事情却有不同的结果，内在的差距就是坚持。如果当年坚持好好学习、坚持爱，现在的结果会不会不一样？可是过去的生活没有如果，坚持学习的人已功成名就，坚持相爱的人美满幸福。而这一切，与早早放弃的我们无关，因为当初是我们自己选择了放弃。

刚进入大学校园的潇雨怀揣着对生活美好的憧憬，她想着自己会加入多个社团，培养自己各种能力。可是残酷的事实让她很伤心，她想参加的各个社团连面试都没有通过。"真是太差劲了，注定什么事都办不成。"她在心里不止一次地对自己说。

当室友在为各种活动而兴奋炫耀的时候，潇雨只能看电视剧、打游戏，然后在睡梦中进行内心挣扎。寝室、食堂、教室三点一线的生活让她完全堕落，想要努力却总也找不到方向。她想到了退学，并找到了辅导员办理手续。辅导员的一句话改变了她的想法："大学里一定要培养自己的生活品格和能力，你仅仅因为一点点迷茫就选择逃避，以后到了社会中怎么混呢？而且我们做老师的，也不能轻易放弃自己的学生啊。"

从那天起，潇雨告诉自己要坚持早睡早起，再也不在课堂上玩手机、睡觉，还办了张健身卡锻炼、减肥。一年后，潇雨带着自己充实的心灵进入了一所重点高校读研。

坚持很简单，但做起来特别难。我们的常态是定闹钟时信誓旦旦，早上依旧起不来；健身房只去了几次，还胖了几斤。

蔡康永说："15岁觉得游泳难而放弃游泳，18岁遇到一个喜欢的人约你游泳，只好说我不会。18岁觉得英文难而放弃英文，28岁出现一个很棒但要会英文的工作，只好说我不会。人生前期越嫌麻烦，越懒得学，后来就越可能错过让你动心的人和事，错过新风景。"坚持不一定就是强迫自己，强迫自己打卡的坚持明显是作秀，真正的坚持一定是出于内心的爱与执着。

电视剧《士兵突击》中，许三多在家中排行老三，是最没出息的一个孩子。小时候天天被别人欺负，父亲也天天打骂他。后来部队征兵，不愿意入伍的许三多被父亲逼着去了部队。

刚进部队的许三多被战友们喊"许木木""傻子"，他是连长嘴里的"孬兵"，他对当兵毫无兴趣。开始的时候，因为缺乏上进心，许三多的表现差得没人要,史今班长没有放弃他,坚持把他带成一个真正的兵。

许三多慢慢地喜欢上了军旅生活,他用勤奋补足了笨拙。班上其他人都在忙"事业",他就自己坚持做操、执勤、修路,就连自己的短板"踢正步"也做到了全连最优,他可以做出三百三十三个腹部绕杠。老A选拔时,他背着摔断腿的伍六一坚持到了最后。他不比别人差,靠着坚定信念不放弃,许三多最后成了全团骄傲的"兵王"。

"一万小时定律"大家都懂,有些人并非天资超人一等,而是得到了持续努力的结果。可是多少人懊悔当初轻易放弃?只要坚持下去,我们即使达不到天才一般的成就,至少也可以成为一个对社会有用的人。

现在的社会氛围中,人们越来越不愿意坚持。人们对一个人成功的定义基本上都是狭隘的"成者为王败者寇""只看结果,不看过程",功利化成功学开始盛行,能够花最少的时间得到最大的效益成了我们不懈的追求。

在追逐理想的路上总会出现太多的失望、绝望,有些时候我们也不知道为什么而坚持,如果真正被不良因素击倒也算是一种光荣的失败,就怕放弃继续尝试。很多人就像蜗牛,疼一下就缩进壳里。"减肥""好好学习""永远在一起",假坚持都是在为别人坚持,真坚持必须为自己。

要做到坚持不放弃,首先要制定出每个时间段的目标。目标难度应该尽可能小,以求能够完成。比如我们要坚持晚上11:30之前睡觉，可是因为已经习惯了0：00以后睡，我们可以将第一个阶段的小目标定在11：59，然后随着天数逐渐往前递推。

目标制定后，可能因为某些情况而中断进程，这个时候也不要前功尽弃，不妨原谅自己一次，接着进行下去。做任何事情都需要一种仪式感来加强心理暗示，当一个小目标完成后，可以给自己"经验升级"，自封一个响亮的称号，以此来激励自己。

要坚信，当你下决心持续地坚持，不断地努力，最后得到的结果不一定出色，但一定无悔。

庆幸自己经历了一些磨难

生活中的每个人都期望获得幸福,可人这一辈子怎么可能完全一帆风顺呢?磨难总是猝不及防地出现。有的人在磨难面前,通过发脾气或堕落来宣泄痛苦,非但不能改变磨难存在的事实,反而加深了自身痛苦;有的人却明白既然磨难无法避免,与其肆无忌惮发泄情绪,不如感到庆幸,因为磨难带来了成长。

苏准和妻子刚结婚一年,两人非常恩爱,最近他们有了自己的宝宝,一切看起来都是那么美好。但就在两个人怀揣着幸福和希望迎接新生活时,苏准的妻子因为车祸不幸去世。

突如其来的噩耗打碎了苏准对生活的全部希望,他在悲伤中昏厥过去。恢复神智之后,苏准整日以泪洗面,白天把自己关在屋子里,晚上不得不靠安眠药入眠。过度的悲伤完全摧毁了这个男人的生活,他丢了工作,时刻盯着妻子留下的照片悲伤。

有一天,当登门来安慰他的街坊邻居和亲朋好友离开之后,苏准萌生了自杀的念头。当一把安眠药已经准备就绪后,他无意中看到了宝宝熟睡中的小脸。"如果我死了，留下这样一个小生命孤独地活在世界上，那该多么痛苦啊。"他把手里的安眠药扔了一地，小心地抱起熟睡中的宝宝，悲伤的眼神中透露出暖意。

从那天以后，苏准接受了失去心爱之人的现实，开始把所有的心思放在孩子身上。他好好休息了一段时间，开始出门找工作，从此面对生活中的任何困难，他都能坚持过去。

巨大的悲痛来袭时，我们很容易失去生活的勇气，仿佛置身梦中，整天幻想着事情会出现转机，而人生的转机就出现在坦然接受磨难的那一刻。从我们面对现实那一刻起，就会以一种全新的态度开始新的努力，人生才真正出现转机。

褚时健曾经说过："经历过的东西，对你都是有用的。"没有曾经的磨难，何来如今强大的自己？

1995年3月，一封检举信出现在中纪委办公桌上。5月份，马静芬的弟弟和妹妹被河南警方带走。8月份，褚时健和马静芬的女儿也牵涉到此案中。

褚时健当时正好从美国出差回来，按照原计划在香港停留，突然得知家中出事后，香港的朋友劝他暂时别回大陆，先避避风头。可他坚持要回去将所有的事情交代清楚，便马不停蹄地赶回了云南。

1996年，因为身陷各种繁杂的调查之中，褚时健已无力处理厂里密集的工作。他在回乡散心时被警方扣留，送回家中监视居住。1997年6月，他被正式移送司法机关。1998年12月，云南省检察院以贪污罪名对他提起诉讼。

他绝望到了极点，过往的荣耀在眼前浮现，他说："当时确实想不通，怎么就到了今天？"

看守所里潮湿闷热的环境让褚时健备受折磨，身体上的痛苦还好说，最可怕的是精神上的煎熬。痛苦煎熬中，他反倒打定主意，顺其自然就好了。很快，一审判决下来了——无期徒刑。然而这样的结果没有打垮他，他很快平复了心情，放弃上诉，开始服刑。

褚时健在监狱中踏实努力地过好每一天，甚至还经常琢磨着以后可以做点什么事情。几年后，他从头再来，开始创业，又一次造就了奇迹，被称为"中国橙王"。

我们有能力和勇气去面对人生中随时出现的各种不确定吗？如果没有强大的"御寒模式"，那么一次不经意的磨难就可能将我们彻底击溃。所以，当不好的事情发生时，千万要稳住心态，接纳现实，不要被意外毁了人生。后来褚时健夫妻提起那段牢狱之灾时，能够平静说："没有那段经历，就不会有今天，应该要感谢那段经历。"褚老也经常这样描述自己经历过的磨难："改革嘛，都要付出代价。"

人在面对磨难带来的悲剧时，往往会丧失理智，这是本性。但不幸总会过去，生活还要继续，一直沉沦在磨难带来的负面情绪中，实际上只是徒劳地逃避现实。积极的人生态度就是坦然接纳人生中的磨难和不幸，只有接受才会改变。

首先，我们要明白：磨难和不幸，与他人毫不相关。只有认清楚这一点，才能避免把坏情绪泼洒给他人。很多人在被打击之后，好像全世界都欠着他们，所有人都应该安慰他们，这种"理所应当"的想法断不可取。

其次,我们要多跟自己沟通。很多时候,我们只是被眼前事蒙蔽了双眼,如果能够冷静地和自己交谈,及时进行反思,往往就能客观地审视事物而接受眼前事实。

最后,我们要学会和磨难和平相处,通过一次次直接面对,为自己积累丰富的人生经验。如此,我们的心态就会更加坦然,也就不会再有所谓的消极情绪来扰乱快乐的心。

每个人都会有"丧"的时刻,情绪上的沮丧是正常的,没人生来完美且掌控一切。三毛说:"我笑,便面如春花,定是能感动人的,任他是谁。"不幸的事情就在那里,只有主动而坦然地接受,才能主宰自己的情绪,从而摆脱颓废。

事情没有你想象的那么糟

"世界上最糟糕的事情都让我遇到了,我一定是最不幸的人。"不经意间,我们就会听到身边的人吐露类似的话语。遭遇不幸的时候,我们习惯将灾难扩大化,不断地暗示自己未来非常可怕,导致事情往更坏的方向发展。

莫泊桑曾说:"生活不可能像你想象得那么好,但也不会像你想象得那么糟。我觉得人的脆弱和坚强都超乎自己的想象。有时,我可能脆弱得一句话就泪流满面,有时,也发现自己咬着牙走了很长的路。"

一个人开车行驶在夜里的乡间小路上,很不幸,汽车在行驶过程中突然爆胎,他想换轮胎时却发现,没有带千斤顶。

焦急的司机在夜晚的风中凌乱,幸好他看到不远处有一户人家,准备过去求助。在前去求助的路上,司机就在心里开始"演戏"了:"如果没有千斤顶,或者有也不借怎么办?这么晚了会不会觉得我是坏人?《聊斋》中有很多乡间的狐狸成精了,我不会遇到吧?"

司机越想越玄乎，情绪也开始变得焦躁不安，好不容易坚持着敲开门，不等户主开口，他自己就恼怒地说："不借拉倒，自己留着用吧！"然后转身离开，户主都不知道他在说什么。

我们有时候也会在紧张、猜疑、担忧的情绪中把事情往坏处想，久而久之，我们形成了灾难化思维。这种思维往往体现在未知的事情上面，只要不能够百分百确定，我们就会做出最坏的打算。结果，往往平时常规处理就能解决的问题，就因为想得过于糟糕，心里预设难度变大，反而做不到了。比如参加国际赛事的运动员，他们背后顶着全国人的期许，由于担心结果太糟，反而会在从未出错的地方出现失误。

我们总觉得过去时光虚度，现在生活劳累，未来岁月糟糕。我们也经常会看到"朋友圈"写满悲欢喜乐的照片，或因羡慕而自卑，或因同情而自怜。其实生活艰难或快乐在于自己，没必要跟自己过不去，毕竟你看到的生活，好或许没照片上的好，糟也没有文字中的糟。

即便遇到了最糟糕的状况，只要心态和情绪没问题，就能够保证正常思考，去应对最坏的结果。主动去想象最坏的结果，其原因无非就是给自己的软弱找借口。生物都有趋利避害的本能，事情还没开始就先想着逃避，这样的人平时一定缺乏独立和自信，所以才会用负能量来粉饰内心的不安。如果思维出现了不自觉向坏结果倾斜的情况，那么就要注意在平时培养自己的自信心，以及解决问题的能力。

悲观的人做错了一件事，他会对自己说："我永远做不好这件事。"相反，乐观的人会想："我这次做不好，我要总结经验，下次一定做好。"

遇事不要轻易丧失信心和动力而选择破罐子破摔，我们应做的是积极面对，努力解决，以求达到好的结果，切不可随意就定性结果为"坏"。

美国网球公开赛第五场半决赛，紧张进行了四个小时，堪称史诗般的对决。只需再得一分，老将费德勒就能够击败对手德约科维奇。

面对紧张的局势，德约科维奇保持着过人的冷静。当费德勒往德约科维奇的右侧迅速用力发球后，德约科维奇精准地正手回击过来，令人惊讶的一幕出现了，费德勒未能接住，最后，德约科维奇赢得了比赛。

费德勒在赛后的新闻发布会上说自己的失败不过是因为德约科维奇太幸运了，可事实是费德勒在过去的两年里，都没有赢得大满贯，原因无他，只是他在关键时刻过度考虑坏结果从而导致发挥失常。

结果需要一系列的条件共同作用才可以得出，在任何一个结果成熟的过程中，最坏的结果只是"万一"，要相信，我们都是生活中的幸运儿。

某个社交平台上，一个女生询问网友手腕动脉的位置，下面的评论很统一："傻瓜，我们爱你。"人生如歌，跌宕起伏才是常态，也许生活不如电视剧里呈现得那般美好，但是无论怎样，都要笑对。生活给出怎样的反馈取决于我们的态度，摒弃了消极思想就自然会远离各种消极情绪。生活很简单，虽然没那么好，却也不会那么糟。

何苦拿别人的错误来惩罚自己

德国古典哲学家康德曾说："生气，是用别人的错误来惩罚自己。"我们生气，那个惹我们生气的人就会被惩罚吗？他就一定会因为我们的生气而改正错误吗？与其用别人的错误来惩罚自己，不如放宽心态，忽略掉那些扰乱自己心灵的浮尘。错误是由他人造成的，不在自身，所以不该由自己来承受这份气。想清楚这些，心境就会豁然开朗。

有一天，佛陀在寺庙里静修的时候，一个叫婆罗门的人破门而入。因为其他人都出家到佛陀这里来了，而他却没得到这个机会，所以他很生气。

佛陀安静地听完他的无理乱骂之后，轻语问道："婆罗门啊，你的家偶尔也有访客来吧？""那是自然，你何必问此！""那个时候，你偶尔也会款待客人吧？""那还用说！""假如那个时候，访客不接受你的款待，那么那些做好的菜肴应该归于谁呢？""要是访客不吃的话，那些菜肴只好再归于我！"

问完这些，佛陀笑了，看着他，又说道："婆罗门啊，你今天在我的面前说了很多坏话，但是我并不接受它，所以就像刚才你所回答的一样，你的无理胡骂，那是归于你的！婆罗门，如果我被谩骂，而再以恶语相向时，就有如主客一起用餐一样，因此我不接受这个菜肴。"

最后，佛陀为他指点迷津："对愤怒的人，以愤怒还牙，是一件不应该的事。不以愤怒还牙的人，将得到两个胜利：知道他人的愤怒，而以正念镇静自己的人，不但能胜于自己，也能胜于他人。"

经过这番教诲，婆罗门顿悟了，最终出家佛陀门下，成为阿罗汉。

然而很多人并没有佛陀的宽容，怎么也放不下别人的过错。下级犯了错误，上级很生气，怒发冲冠、声色俱厉，伤的却是自己；上级作风不正，下级很生气，内心憋屈、心生不平，伤的也是自己；同事之间钩心斗角、相互猜疑，伤的还是自己。错误应该受到惩罚，但未必要通过生气来实现，既然错误在他，为何你要生气？别人犯了错，而你去生气，岂不是拿别人的错误来惩罚自己？别人的愤怒和过错都还给别人吧，那不属于你。我们没有必要为那些不属于自己又烦扰到自己的事而停留片刻，多一秒停留便会多一秒烦忧。

生活中令人生气的事太多了，可生气会给我们带来什么？第一，会在无意中伤害无辜的人，有谁愿意无缘无故挨你的骂呢？被骂的人有时是会反弹的，他可能挨了骂之后不做任何反应，但是他极有可能又去骂别人。第二，大家看你常常生气，为了避免无端挨骂，所以会和你保持距离，你和别人的关系在无形中就拉远了，慢慢地，你一个人，孤立无援。第三，偶尔生气别人会怕你，常常生气别人就不在乎了，反而会抱着看猴戏的心理，不以为然。这不利于你的个人形象。第四，生气会让人失去理性，从而做出错误的判断和决定，而这也是最后患无穷的一点。第五，生气伤身，况且忍心惹你生气的人也不在乎。

当然，谁也不会无缘无故地生气，可是如果你能想到你正在拿别人的过错伤害自己时，你还会生气吗？不要因为别人的一点儿过错就跟自己过不去。让自己生气，无异于自残。

印度诗人泰戈尔曾说："不让自己快乐起来是人最大的罪过。"生气就是跟自己过不去。面对他人的过错，能够做到不生气的人，才是生活的智者。生别人的气，不是在惩罚他人，而是在惩罚自己。

第五章

不可不知的
情绪心理学效应

淬火效应：让自己变得更强大

因为负面情绪的危害，很多人都会对它敬畏远离，做事的时候就会畏首畏尾，从而错过很多良机。其实有时候，实在是我们忧虑过度了。研究发现很多抑郁症患者康复之后，较之以往，反而拥有更强大的抗压能力，这就是"淬火效应"。"淬火效应"乍听起来跟情绪没有丝毫联系，"淬火"是指高温炼制金属然后在冷水中降温处理，以此来提高金属的性能。我们的情绪就像是高温中炙热的金属，不开心的事情就是"冷却剂"，冷却过后，心理承受能力会更加强大。

"淬火效应"最开始是从教育领域衍生出来的，有一些成绩不错的学生常常会骄傲，老师便会设置小障碍，让他们在合理的失败中冷静下来，感受过失败的学生，心理承受能力会变得更强。

NBA 2015—2016赛季常规赛，整个联盟一度成为金州勇士队的天下，贵为2014—2015赛季总冠军的勇士队在库里和汤普森的率领下，打出了开季24连胜，创造了NBA的历史。在常规赛季结束时，金州勇士队取得了73胜9负的绝佳战绩，一时间，2015—2016赛季总冠军的归属似乎已经明朗。

季后赛首轮和次轮，勇士队都以4∶1的战绩淘汰了火箭队和开拓者队。西部决赛上，勇士面对强劲对手雷霆，前四场比赛打完，勇士1∶3落后。雷霆只要再赢下一场，就能打败上届冠军，与东部的骑士队会师总决赛。但勇士因为水花兄弟的优异表现，实现了惊天逆转，连扳三局，以4∶3战胜雷霆。

到了总决赛，勇士队延续了良好的竞技状态，他们直接打成3∶1领先，只要再赢一场，就能拿下总冠军。这个时候，全队上下包括所有的勇士球迷都认为勇士赢定了，可遗憾的是，接下来骑士队在詹姆斯的率领下连扳三局，骑士4∶3逆转夺冠。

这次教训对于球员来讲是惨痛的，他们再也不把自己辉煌的战绩搬出来说事了，只是默默地努力训练。在接下来的两个赛季里，他们在比赛中更加沉稳冷静，接连拿下两个赛季的总冠军。

尼采曾经说过："杀不死我的，终将使我更强大。"但是经历挫折之后，很多人容易陷于负面情绪之中，从此畏首畏尾，甚至会对自己的能力产生怀疑。

生活不可能一帆风顺，无法改变环境的时候，就要学着去适应环境，不断积累自己的阅历，随着经历的苦难增多，内心亦会变得愈加强大。

电影《肖申克的救赎》中，男主安迪是一名银行家，出轨的妻子和她的情人被杀死，安迪成了所谓的"杀人凶手"，被判无期徒刑，进入肖申克监狱服刑。

刚入狱的安迪处处违背规则,导致自己处处受欺负,他很快学会了适应。他先是和瑞德成为朋友,托他找来一把锤子,多次申请保释失败的瑞德告诉安迪,在肖申克监狱中拥有希望是非常危险的。

安迪用广播播放歌曲,向典狱长争取重审他的案件,然而,他的"折腾"换来的是一次又一次的禁闭。但是他没有被击倒,他意识到在适应环境的同时,必须越狱才能获得新生。他花了十几年时间,用锤子挖通一条地道,最后重获自由。他的老朋友瑞德也终于保释成功,带着典狱长罪证的安迪,瓦解了黑暗堕落的肖申克监狱。

备受磨难煎熬之时,人也会被压抑的情绪包裹。但是,盲目的反抗只会让你痛不欲生,不如选择顺从,任由它们折磨心灵,在适应的同时努力提升各方面能力,以备不时之需。

如果在面对负面情绪的时候选择了退缩,就会失去生活的希望,被情绪彻底打败。只有这次选择直面它,下次再相见时才不会发怵。俗话说:"家有一老,如有一宝。"老人往往能凭借自己丰富的人生经验,为家里的大事拿主意,而年轻人大都束手无策。研究人员发现,经历过"淬火效应"的人,不仅承担风险的能力增强,处事能力也明显增强,处理新事物时有着极高的成功率。

面对负面情绪,逃避是最次的选择。"淬火效应"说明负面情绪没有什么大不了的,它不过是人生路上一次微不足道的经历,经受过一次又一次的负面情绪打击,人生道路才会更加明朗,我们才能变得更加坚强。

森田疗法：顺其自然，为所当为

我们在做某件事情的时候，总是会想办法尽快完成，这本是一种自然心态。但在这个过程中，坏情绪会不期而至，怎么也消除不了，仿佛之前所有想法都是错的。

森田正马博士说过："神经质疗法的本质是人生的再教育。"一个人想消灭烦恼是不可能的，与之对抗，只能让我们陷入麻烦，不如从内心出发，将力所能及的事情做好。"顺其自然，为所当为"，我们才能立于不败之地。

森田正马先生虽然是森田疗法的创始人，但他也经历了许多不为人知的痛苦。他的父亲是一位小学教师，对子女要求非常严格。森田正马作为家中的长子被父亲寄予厚望，5岁就开始上小学，还要在父亲的看管下学习古文和史书，背不完书不能睡觉。

森田正马在学校的功课已经够紧张了，回家后还要接受父亲的强迫教育，渐渐地，他开始厌倦学习，厌烦学校。他出现了明显的神经质表现，而且难以启齿的是，他12岁时还有"尿床"的毛病。因为尿床,有人故意问他:"为什么总是卷着草席睡觉?"他生气地回答:"为了不弄湿被褥!"

森田正马因夜尿症而产生了强烈的自卑感。大学一年级时,父母忘记给他寄生活费,他就以为父母不支持他上学,于是暗下决心拼命学习,放弃所有对自己精神症状的治疗。还好,考完试后,在好成绩的"治疗"下,他所有的疾病都痊愈了。后来,森田正马根据自己的个人经历,提出了著名的森田疗法。

生活中难免遭遇一些刻骨铭心的痛苦,在他人的嘲笑中,我们渐渐失去了原有的自信。从此变得沉默寡言,仇视世界,对负面情绪极度恐惧。短暂的淡忘之后,还是会不断强迫自己去回想、纠结,越纠结,越无法自拔。

其实有时候我们需要认识到,负面情绪是客观存在的,强迫性地压抑自己去改变,未必就可以取得好结果,不如选择性地"顺其自然",让坏情绪"爱咋咋地",只需做好自己手头的工作,一切问题都会迎刃而解。

正在准备公司主管竞选的萧远最近总会莫名其妙地感到恐慌,竞选的压力让他间接性情绪崩溃。选举前夕,萧远越来越怀疑自己,产生了"我必失败"的悲观心态,各种坏情绪接踵而来。

为了缓解自己的压力,他拨通了父亲的电话,将心事全盘脱出。父亲听后笑着告诉他:"你这个傻小子,一边这么辛苦,另一边还要想象自己的失败,就算真的失败了又能怎么样呢?不就是失败一次吗?没什么大不了的,继续努力就是了。但行好事,莫问前程,顺其自然，方能成功。"

父亲的一席话让萧远茅塞顿开："这有什么的，不就是人生中的一次经历吗？"他终于认识到自己应该勇敢面对竞选失败的可能性，之前烦恼的心慢慢平静下来。选举结束，他如愿坐上了主管的位置。

不要一味地纠结负面情绪，这不是说将问题放置起来，视而不见，而是应该顺其自然，自我觉察且不刻意逃避，在主动接受负面情绪的基础上"为所当为"。过分注意负面情绪，反而会把很小的事情放大。我们要努力把心态放平，毕竟"酸甜苦辣"才是生活真滋味。

有科学研究证明，某些重要或者危险系数高的事情往往会引发负面情绪的洪流，而"森田疗法"对于治疗各种负面情绪有很好的效用。

"森田疗法"在具体实施过程中，单靠说理是不行的。比如客观道理是世界上没有鬼，但这个观点说给胆小的人听，他们即使认同，走过坟地时，还会照样恐惧。这就是人的情绪规律，注意力越集中在某件事情上，情绪反应越强烈；而顺其自然，不把情绪当回事，它反而会知趣地消退。真正聪明的人会接纳负面情绪，而不是选择逃避。我们不妨将烦恼当作生活中一种自然的感情来接受，在森田疗法的指导下，以行为为准则。这样，即使在情绪不好时也能够积极行动。

把情绪和注意力分开是森田疗法的关键，运用此方法，我们不会再因为各种负面情绪而失去理智，做出会让自己后悔的事情。

野马结局：不再为小事抓狂

"野马结局"是生活中的一种法则，这个说法源于一个现象：非洲草原上有一种常叮在野马腿上吸血的蝙蝠，野马会因为被"小家伙"吸血而暴怒、狂奔，不少野马被活活折磨死。研究发现，蝙蝠吸血量极少，不足以使野马死去，野马真正的死因是自己的暴怒。我们也是如此，往往因芝麻小事而大动肝火，用别人的过失来伤害自己。

康德说过："生气，是用别人的错误惩罚自己。"生活中常常出现"野马结局"：雨后在路边散步时，一辆疾驰而过的汽车溅了我们一身泥水，我们会破口大骂；拥挤的公交车上，别人无意踩了我们一脚，即使对方已经道歉了，我们还是不依不饶……

有一位禅师非常喜欢兰花，爱之如命。因此他在讲经之余，悉心培育了许多名贵的兰花。有一天禅师外出云游，临走之前，他特意交代弟子们好好照顾兰花。

可是禅师刚离开没几天，一个弟子在给兰花浇水时，一不小心绊倒了兰花架，那些名贵花儿全跌在地上，支离破碎。"师父回来看到心爱的兰花这番景象，肯定会非常生气……"徒弟不安地想着。

禅师回来后，碰倒兰花架的徒弟跪在师父面前请求原谅，可奇怪的是禅师竟然一点儿也不生气，反而心平气和地安慰弟子："我种兰花是为了美化寺院环境，用香花供佛，用品花芳心，并不是种来生气的。"

有人曾经说过："欲成大事者，不拘小节。"一个人如果过于计较小事就很容易和别人争吵，同时，做大事必须集中精力才有可能成功，如果你一直纠缠在小事上面，生活只会越过越窄。

每天都有不愉快，因此我们需要凡事想开一点儿，不要对别人犯过的错耿耿于怀，进而惩罚自己。多一分原谅和宽容，这不是放过别人，而是放过自己。

公交车上已经没有空座位了，乘客零零散散地站着，相比于上下班高峰期，这已经算是一个很宽松的环境了。

车子又在一站停靠，上来个拎着一袋子蔬菜的老太太。老太太左右环视了一圈，发现没人给她让座，于是气势汹汹地对一个坐着的小女孩说："怎么不知道尊老，年纪轻轻不给老人让座。"

女孩脸上则是一副不耐烦的神情，大家都注视着这一幕，本以为会有一场争吵，却见女孩站了起来，轻声说道："你坐吧。"然后走到窗边安静站着，一场争吵化于无形之中。

容易被愤怒掌控的人，必定不会拥有好的人缘。有时候，当我们因为一件小事而发作时，真会如同"野马"一样，甚至搭上了自己的生命。

生气会引发脾气，对身体造成很大的损伤。科学研究表明，生气可能会让我们系统失调、心律失常甚至心跳停止而死亡。

国外有一家饭店，店长对厨师非常不满，就拿着枪追杀厨师，没想到自己却突然倒地而亡。经法医鉴定，死因是过于愤怒导致的心脏骤停。生活中因为小事而失去生命的例子太多了。了解了野马法则之后，就应该学会放宽自己的心胸，既温暖了别人，也快乐了自己。

之所以会有野马法则，是因为一些人往往将自己的情绪等同于现实本身。实际上，我们周围的环境是中性的，只是在积极和消极的天平上，我们倾向了消极那边。

从"野马结局"中我们可以得出这样的结论："外在事物并不能伤害我们的内心，对这些事物的信念与态度让自己受到了伤害。"不能操控情绪，就得做好为恶劣情绪造成的巨额成本买单的准备。用"野马结局"管理情绪，就得适应外界的挑战，不要因为小事而暴跳如雷。生气很常见，但要加以控制。当所有事情都不如意的时候，首先反思自己是否陷入了情绪的困境。

我们早已习惯人生中大风大浪的起伏，可往往击垮精神的并不是灭顶之灾，而是一些鸡毛蒜皮的小事。要做到"荣辱不惊，闲看庭前花开花落；去留无意，漫随天外云卷云舒"，首先要活在当下，抛弃"唯我独尊"的优越感；其次，低落情绪容易愚弄思维，让我们误以为人生很糟糕，因此我们要认清当前事实，世界还是很美好的，不要指望事事尽如人意；最后，试着接受、欣赏人与人的差异，温暖别人的同时也温暖自己。

怀着一颗善良的心去享受生活时，那些不如意的小事也就成了一贯无趣生活的润滑剂，从此，你可以挣脱坏情绪的束缚，在生活中肆意驰骋。

费斯汀格法则:遭遇倒霉事件,做出积极的情绪选择

美国心理学家费斯汀格有一个很出名的判断,人们称之为费斯汀格法则:"生活中的10%是由发生在你身上的事情组成,而另外的90%则是由你对所发生的事情如何反应所决定。"简单地说就是生活中我们无法掌控的事情占10%,我们能掌控的比例是90%。

根据这个1∶9的比例,我们应该拥有更多的快乐才对呀!然而,实际生活中,我们的痛苦却总是大于快乐。这种理论和实际严重不相匹配的原因在于,人性对情绪的选择。

美国有一对夫妇婚后十一年才生了一个男孩,孩子自然成了夫妻二人的宝贝。在男孩2岁的时候,某一天早晨,丈夫出门前看到桌上有一瓶打开盖子的药水,因为赶时间,他就大声叮嘱妻子:"记得把药瓶收好!"然后就匆匆上班去了。

妻子在厨房里忙得忘了丈夫的叮咛,结果小孩子被药水的颜色所吸引,竟然拿起药瓶一口气喝光了!这种药水,即使成人也只能服用少量,孩子服药过量,虽然被及时送到医院,却已无力回天。妻子被

意外吓呆了，她不知道该如何面对丈夫的责备和自己内心的懊悔。

丈夫焦急赶到医院，看着爱子的尸体非常伤心，妻子只低头哭泣，不敢与丈夫有任何交流。不料，丈夫没有大发雷霆，他走到妻子面前，在她耳边低语："亲爱的，我爱你。"

一个人在遭遇不幸时，需要多大的包容心才能以最适当的情绪去面对周边的人！很难。面对巨变，我们往往选择发泄痛苦，我们会愤怒、会失控，甚至因此造成更大的悲剧。

面对生活中的各种处境，人人都有选择的权利，我们可以大发雷霆，也可以怨天尤人，但事情不会因为这些而有丝毫改变。错误的情绪选择，会给往后的生活带来不幸，让人背负着痛苦活下去。如果能换一个角度来选择情绪，也许事情不会变得更糟。

一位乘客无意中乘坐了一辆很特别的出租车，车里车外都非常干净，司机看起来也很清爽。乘客刚刚坐稳，司机便递给他一张精美卡片，上面写着："在友好的氛围中将我的客人快捷、安全、省钱地送达目的地。"

乘客看到这句话便和司机攀谈了起来。在交谈中，司机问："你要喝点什么吗？"乘客有点诧异："难道还提供喝的？"

司机微笑着说："对，提供咖啡，各种饮料，而且还有报纸。"司机为乘客倒了一杯热咖啡，这让乘客觉得温暖极了，两人继续攀谈。

司机告诉乘客："其实刚开始的时候，我的车没有这些服务，我像其他司机一样抱怨天气、收入、路况，在倒霉的情绪中，每天都过得很糟糕。后来我的妻子告诉我，我糟糕的情况都是抱怨造成的，从那以后，我的观念改变了，决定停止抱怨。"

"那么你改变的结果怎么样呢？"乘客饶有兴趣地问。

"第一年，我微笑对待所有的乘客，收入翻了一倍。第二年，我倾听乘客的喜怒哀乐，并与他们交流，收入又翻了一倍。今年是第三年，如你所见，我的出租车变成了全国的五星级出租车，很多人都需要提前打电话预约，您很幸运，是我顺路搭载的一个乘客。"司机微笑着说。

其实我们在生活和工作中经常会遇到让自己火冒三丈的事情，事情发生后情绪如何，往往由个人反应决定。但是，问题发生的当下我们很难做到理智果断，而一旦被情绪限定住，情绪就会向消极崩坏。说到底，这是一个心态问题。其实能帮助自己的不是他人，而是自己。倘若了解并能熟练运用费斯汀格法则处事，一切问题就迎刃而解了。

卞之琳曾经写道："心情啊，可以是阳光般明媚，也可以是乌云般阴沉，如何选择在于你自己。"坏情绪与他人并没有任何关系，只能影响我们身边的亲人。就算只为了自己，我们也应选择积极面对。那么，我们便接受它，放下它！转苦为乐。

人生没有无法解决的困难，车到山前必有路，事情出现之后，只要停止抱怨，运用费斯汀格法则积极面对，就一定能突破困难。

贝勃定律：肯定自己的价值

贝勃定律是指一个人经历过非常强烈的刺激之后，再经历较小的刺激，自身的承受能力会逐渐增强，并且感觉这个小刺激微不足道。它在生活中有很多体现，比如说砍价的时候往往直接砍一半，随后再慢慢提价，这种心理战术会让卖家宽慰许多。几万的商品涨价一百块，我们不会察觉到有什么不一样，但若是几块钱的东西涨价一百块，我们就难以接受了。

你可能在某次取得了优异成绩，非常高兴。但是，不久，你便感觉自己的实力并没有想象中那么强大，从而陷入深深的自我怀疑之中。为什么呢？是因为贝勃定律在作怪，下一次的成就很难达到或者超越之前的辉煌，然后人们就会在心中怀疑自己："上次是不是走狗屎运了？我并没有那么优秀啊。"

有一名意大利心理学家曾经做过一个"玫瑰实验"：实验体分别是两名各方面条件类似的男孩。实验要求很简单，让他们给自己的恋人送玫瑰花，但是两个人送花的时间有区别。

心理学家让第一个男孩每个周末给心爱的姑娘送一束红玫瑰，而第二个男孩只需要在情人节的那天送给姑娘玫瑰花。

第一个男孩的女朋友在第一个周末收到玫瑰花时特别欣喜。但是，随着一个个周末过去，女朋友已经"习惯性麻木"，男孩再去送花，她也只道是寻常。情人节那天，男孩送了女朋友一束更有浪漫气息的蓝色妖姬，可是她的表现还是很平淡。

第二个男孩的女朋友在情人节那天收到一大束玫瑰花时，心中非常惊喜，和男朋友紧紧地抱在一起。

贝勃定律是生活中常见的一种心理效应，有利有弊，不过对于情绪比较低落的人来说，弊大于利。比如一些在职场上碌碌无为的人，难道他们从一开始就堕落了吗？刚入职场时，他们也拥有雄心壮志，优秀的表现获得了领导的欣赏和表扬，心中的喜悦溢于言表。不久之后，领导的口头表扬已经不能满足他们的虚荣心了，加上工作失去新鲜感而变得枯燥，于是他们原本的壮志也消磨殆尽，日益消沉。

《钢铁是怎样炼成的》一书中，有一段话非常发人深省："人最宝贵的是生命，生命对于每个人只有一次。人的一生应当这样度过：当他回首往事时，不因虚度年华而悔恨，也不因碌碌而为而羞愧。"优秀的人能够认清和肯定自己的价值，不让负面情绪乘虚而入。人生短暂，如果一直处在消极的情绪之中，相当于浪费生命。

徐芸刚刚跟客户签成了一单大交易，在公司的庆功会上，大家纷纷向她送上祝贺，可是作为当事人的徐芸没有一点儿喜色，反而显得很忧愁。

同事看她没有一点儿高兴的样子，关心道："去年签了一个千万级别的大单子，今年又拿下个五百万的单子，怎么还愁眉苦脸的。你要都这样不高兴，我们这种只签几十万单子的人岂不是没法活了？"

徐芸强颜欢笑道："你说，我的能力是不是变差了，千万单子跌到百万，以后估计百万都不到了。感觉这份工作做不下去了，实在没信心。"

同事告诉她："你的能力绝对在这，咱们公司这么多销售，只有你达到过这种层次。再说了，咱们老板多稀罕你，你不用怀疑自己的。"

徐芸听完同事的分析，又想到自己从一个职场菜鸟，凭借着努力一步步取得了今天的成绩，自己有实力有能力，自我怀疑简直就是杞人忧天。之后，走出情绪困境的徐芸又以饱满的热情投入到工作中。

陷入贝勃定律中的人很容易被消极情绪控制，自怨自艾。这对于一个人的发展没有任何好处，此时我们就需要一个引路人，一个知心朋友。他们可以及时点醒我们，帮助我们看清自己的过往，肯定自己的价值，树立起面对未来的信心。

因此，不要在心中掩藏消极情绪，感到困惑时，多向朋友倾诉，清醒之后就会发现，我们一直都很优秀。

皮格马利翁效应:不断进行积极暗示

皮格马利翁效应起源于希腊神话:皮格马利翁是一位十分擅长雕塑的国王,他做了一个非常完美的少女雕像,并爱上了"她"。于是,他向爱与美之神阿佛洛狄忒求助,阿佛洛狄忒被感动,就赐予雕塑生命,皮格马利翁如愿以偿地和这个少女结了婚。

情绪低落时要对自己进行自我赞美和肯定,通过正面暗示重塑自信心和自我认同感。很多时候,积极的自我暗示能带来意想不到的力量,进而完成看似不可能完成的任务。

第二次世界大战期间,美国由于兵力不足,需要征召一批军人。美国政府决定将关在监狱里的犯人训练之后,当作正规军使用,并且承诺,如果他们可以建立军功,战后就可以免除牢狱之苦。

进行训练的三个月中,美国政府派了几位心理学专家对犯人进行战前动员。心理学家没有对他们进行过多说教,只是要求他们每周给家人写一封信,信的内容统一:在狱中表现良好,认真接受教育改造。

三个月后,这群犯人兵开赴前线,专家要求他们在给家人的信中写明自己在军队中服从指挥、在战场上敢打敢拼。结果,当这批犯人真和敌军正面对战时,他们的表现毫不逊色于正规军。他们的所作所为,就像自己在信中说的那样。

生活中有很多类似现象,比如工作中经常被领导批评"无能""猪头"的员工,即使本身很有天赋,但是这种长期的心理暗示,会让他们在心中给自己定义为:"懦弱自卑的无能之辈,什么事情都做不好。"

如果任务开始之前就对自己进行消极暗示,"我不行""我做不到",潜意识中也会很自然地认为任务根本完不成,即使硬着头皮去做,过程会很艰辛,结果也会不尽如人意。

心理学家马尔兹曾经说过:"我们的神经系统是很'蠢'的,你用肉眼看到一件喜悦的事,它会做出喜悦的反应;看到忧愁的事,它会做出忧愁的反应。"简单地说,就是我们期望什么,就会得到什么。只要我们能够满怀自信地为自己所想而奋斗,最后一定能顺利完成目标。

白晗是一个胖胖的女孩,她非常羡慕"女神身材",每一次的减肥计划却都以失败告终。有一次,她看了场T台秀,模特们那"魔鬼"身材配上那时尚潮流的衣服,美得不像话。就在那时,一个想法在心中滋生:"我也要好身材,我也要穿好看的衣服,我也要美丽,我还要男朋友。"

她再次下定决心减肥。说着容易做着难,有好几次,她都差点没忍住就破了"吃戒、懒戒",但是心中的目标始终没有动摇。除此之外,她每次吃饭、运动的时候,还总是暗示自己:"少吃一点儿,再多跑两步。"有时候甚至会念叨出声。

坚持一段时间后,她完全变了一个人,用朋友的话说:"原来的你能把现在的你装进去。"而减肥成功后的她总是笑笑说:"我的减肥方法就是不断地暗示自己想得到的东西。"

那么如何在生活中正确运用"皮格马利翁效应"呢?首先,心中要有积极的期待。如果没有积极的期待,就很难获得积极的结果。这个"积极的期待"还必须要简洁、直接、明了,以便进行自我暗示时,能简明扼要、直接有效。

其次,心中的暗示应该是合理的,可以完成的。如果心理考量与现实情况完全不搭边,比如"我先挣他一个亿",这样不切实际的暗示不仅无助于目标的达成,反而会因最后达不到目标而产生心理落差,给自己徒增伤悲,打击自信心。

最后,积极行动。再多的暗示,没有行动就成了空想。目标实现的过程中肯定会遭遇不同程度的困难,这时候,一定要在暗示的力量下坚持下去,不停想象自己成功时的情景。另外,要有意识地去丰富暗示功能,有情感的暗示往往效果更好。还要给自己定好小目标,规划好进度,在一点一滴的积累中,慢慢走向成功。

当处于不利境地时,积极的暗示就是走出阴霾的动力;如果处于顺境,积极的暗示则是锦上添花。通过积极暗示取得进步之后,自信感就会牢牢扎根于心中,属于我们自己的"皮格马利翁"愿望也终将实现。

超限效应：把握情绪临界点，避免情绪崩溃

超限效应是指刺激过多、过强或作用时间过久，而引起心理极不耐烦或逆反的心理现象。比如说在工作中，上级领导如果就一件事情对下级员工进行反复批评，就会使人心生反感，产生超限效应，结果适得其反。再比如说很多时候，父母的唠叨都是出于好意，我们却因此变得叛逆；面对大街上保险或销售人员的"紧追不舍"，人们往往会因不耐烦而快速走开。

著名幽默大师马克·吐温有过一次关于超限效应的经历：马克·吐温是一名基督教徒。有一天，他去教堂听募捐演讲。一开始，牧师的演讲激情四射，马克·吐温决定一会儿捐款一百美元。

十分钟之后，牧师的演讲依然激情，马克·吐温却已经有些不耐烦，甚至牧师的声音也变得聒噪。于是，他决定把捐款数额减至二十美元。又过了十分钟，牧师还没有讲完。之前和蔼可亲的牧师已经变得面目可憎，马克·吐温一点儿捐款的欲望都没有了。

募捐时，马克·吐温非常烦躁气愤，不仅一分钱未捐，还从盘子

里偷走了两美元。

超限效应在生活中经常出现。被别人反复麻烦同一件事情，我们的耐性不断下降，就产生了负面情绪，自己可能沉浸其中，无法自拔。

陷入消极情绪非常危险。情绪低落时，我们的大部分思绪会被负面想法和信息占据，对身心健康十分不利。任其发展下去，还可能引发抑郁症，严重者甚至会产生轻生念头，或者做出伤人的事情。电影院中，一个小孩子哭闹，引起某个观众的不满，他竟直接把手中热咖啡倒在了小孩头上，引发了一场惨剧。

掌控情绪是一个很重要的技能，能够帮助愤怒者及时察觉到是超限效应从中作梗，然后加以改正，从负面情绪中快速解脱出来。

晓笙来到理发店，发型师不停给她推荐产品，并承诺都是根据她的发质给出的最佳推荐："我们店新到一款头发护理产品，非常适合您的发质。"晓笙很开心，并且为这个发型师的专业水准感到满意，当即表示愿意购买一套。

发型师没有善罢甘休，推荐完一款产品之后，又滔滔不绝地说起另外一款。晓笙实在不好意思回绝，就勉强答应愿意试一试。

晓笙忍不住叹气，就是理个发，又搭了这么多钱进去。可是一切还没有结束，发型师还催促她办一张年卡，说可以享受优惠。

晓笙的情绪彻底变成一百度的水，沸腾了。她愤怒地说："我只是理发，你没必要给我推销那么多东西，OK？"发型师一时无语。

生活中我们不免会有跟晓笙类似的遭遇，俗话说："蹬鼻子上脸，给你点阳光就灿烂。"面对别人一而再再而三的"麻烦"和"啰唆"时，心中难免产生一种抵触情绪，如果本来心情就不好，就更容易爆发。

职场上，领导批评下属时，往往会抓住一个问题重复说教、喋喋不休。本来已经过去很久的事情，又因为某件事而被翻出来继续说教。这样的批评很容易让员工产生不耐烦心理，然后破罐子破摔，故意做出逆反行为，进而影响公司利益。

如何避免超限效应带来的不良后果呢？第一，把握临界点。当有求于人，或者被人所求的时候，一定要把握好自己情绪上的临界点。求人时不招人厌烦，被人求时不厌烦别人，一旦发现可能存在情绪不稳定的情况，就立刻做出调整。第二，无法控制别人，那就控制自我。保持冷静，避免事情恶化下去。

中华文化自古以来就有"物极必反"一说，情绪也是一样。只有把握好临界点，避免出现超限效应，才能保证情绪稳定，从而用健康的身心去创造美好的生活。

第六章

缓解情绪压力的
九条法则

拒绝完美主义，允许自己犯点错误

好奇心不一定能害死猫，但完美主义一定能害死人！一旦不幸中了完美主义的"毒"，就会表现为做事之前必须有十足的把握才行动、高期望地苛求完美、太过看重结果。

"all or nothing"意思是做就要做到极致，要么就干脆不做，这句话可以说是完美主义者的准则。虽然有点跟自己较劲的味道，但是当今社会中，这样的完美主义者比比皆是，而且大都不太符合实际：要嫁就嫁宋仲基，否则就嫁鸡随鸡；要赚就赚一个亿，否则干脆小心翼翼。完美主义似乎成了提升自我价值的必备品质，然而实际上完美主义不但不能让人轻易成功，反而会毁掉原本稳定的工作和生活。

追求完美，会给精神带来繁重压力，卸下完美就会发现那些自认为的压力其实都是庸人自扰。

方莹是一名事事追求完美的小文员，有一次，为了达到领导的文案要求，她每天熬夜，做出多个版本，力求做到完美。可是当领导说这几个文案都不能用的时候，她便惶惶不可终日，开始否定自己的价值。因为工作上的不顺心，她整个人的情绪都出问题了，常常因为同事提一点儿小建议就跟人争吵不休，人际关系搞得很差。

失意的方莹跟同事一起买醉。"就你这样的，什么事情都做到完美，迟早把自己累坏。"同事说。

"累坏了，总比工作搞砸了好吧……"还不等方莹把话说完，同事接着说："现在不是又累坏了，又把工作搞砸了嘛。"随后两个人哈哈大笑起来。

回家之后，方莹躺在床上想着：自己一味地追求完美，可是世界上哪有完美的事物呢？现在把自己搞得身心疲惫，有什么意义呢？

从那之后，方莹放弃了完美主义，试着去接受工作上的不完美，竟惊喜地发现工作上的小问题才是提升整体效果的助力器。渐渐地，她的工作状态越来越轻松，跟同事之间的关系也越来越融洽。

很多人忽视了自己本身就是完美主义的追求者，很多工作压力都是因为太过追求完美而造成的，但是我们不明白这一点，只知道抱怨。没有人是天生的"全优生"，成功人士也会犯错，他们和普通人唯一的区别就在于，犯了错误能够及时改正，保证不会在同一个地方跌倒两次。

完美主义者的显著特点：攻击不完美。完美主义者总是在挑剔，只要不符合他们心中理想的所谓"缺陷"都会被批判，他们关注的焦点永远是负面事物。同时，他们对自己的批判也没有停止过。他们极其苛刻地要求自己，整天在心中幻想成为那个不切实际的自己，并时刻为此焦虑着。

真正的完美在一次次的改正问题中才逐渐显露出面目，明白这一点，我们才能将出现的问题视若珍宝，从而避免坏情绪的产生。

老板给员工下达了一个任务，可是一段时间过去了，始终不见员工有所动作。好奇的老板就问员工："你怎么还不开始呢？"员工低着头说："我还没有把准备工作做好，我想再等等，然后一击完成。"

老板听了之后对他说："做再多的准备，如果始终不动手，怎么知道哪里有问题，又何来完美一说呢？"

员工深受启发，开始在车间日夜钻研。几天后，任务完成，老板前来验收成果时，指出了多个地方让他改正。根据老板的建议，员工在原有的基础上修改多次，终于把这个任务完美地完成了。

因为完美，所以拖延。与其浪费时间一直拖延，不如行动在当下，先完成，后完美。这样既避免了因完美主义造成的坏情绪泛滥，又可以在追求完美的过程中保持积极姿态，何乐而不为呢？

拒绝完美主义时，我们需要做到以下几点：第一，接受不完美。世界上没有任何事情是完美的，这是完美主义者本人都知道的事实，然而他们不愿接受。他们甚至在朋友圈里发图片，都一定要凑"九宫格"。说服一个完美主义者的难度不亚于叫醒一个装睡的人，唯一的办法就是接受自己的不完美以及自己是个完美主义者的事实。

第二，更注重过程而非结果。完美主义者往往过分看重结果，如果他们预想到结果不乐观，便会打退堂鼓，同时也会备受打击，所以要试着享受过程，奖励自己的辛勤付出。

第三，察觉到完美主义抬头时，要立刻做出行动，这个行动可以是心理思考，也可以是躯体行为。但是完美主义是人性的一部分，是不可泯灭的客观存在，我们只是要尽量避免完美主义给身心带来伤害。

如果身边人或者自己就是完美主义者，请多一分理解，允许犯错的同时，有针对性地利用完美主义，别让完美主义摧毁了大家积极向上的情绪花园。

学会知足,避免盲目攀比带来的痛苦

俗话说"知足常乐",做人要懂得满足。我们内心的烦恼和痛苦大多源于攀比心理,在比较过程中还往往看不到自己的优点。"人外有人,天外有天",无论达到一个什么样的高度,无限膨胀的私欲都无法被满足。不知足,就一定痛苦。

现实生活中处处都是攀比,工作上比工资,比待遇,比权力;生活上比住房,比穿衣,比爱人,比孩子。比来比去,本想比出个高低来满足虚荣心,却不料没比过别人,于是整日悲观失意。懂得知足,拒绝攀比,抑制私欲,才能幸福舒心。

曾经有两只老鼠是好朋友,不同的是,一只生活在繁华的都市里,一只生活在贫穷的乡下。

有一天,城里老鼠受邀到乡下老鼠家里玩,它满心期待,以为能欣赏到美丽的乡间风情,可到了乡下后,看到的只有土里土气的破房屋,以及乡下老鼠用来招待它的玉米豆子。城市老鼠对此很失望,也很不屑:"你这里生活也太艰难了,我看你不如跟着我去城里住些日子，比这里好多了。"

在城市老鼠的邀请下，乡下老鼠动心了，于是两个老鼠一起进了城。感受着城里的喧嚣和热闹，听着身边同伴的介绍，乡下老鼠顿时觉得城里真好，它十分羡慕城里老鼠能生活在这样优越的环境中，同时为自己感叹失意。

两只老鼠爬上了餐桌，正当他们准备享受食物时，门"咚"的一声开了，两只老鼠飞快地躲进了洞里。

乡下老鼠的心怦怦直跳，显然受了不小刺激，它非常害怕地说："还是乡下好，我受不了这种紧张的气氛，在乡下悠闲自得才是一种享受。"拒绝了城市老鼠的挽留，乡下老鼠毅然选择回去。

刚进城的乡下老鼠代表了一类人，他们不由自主被别人的生活迷花了眼，开始了攀比，却不考虑别人的东西到底适不适合自己，只想着"别人有的，我也想要"。我们需要的是真正对自己有用的东西，而不是那些攀比心理衍生出来的浮华和困扰。

攀比心太强会导致烦恼丛生，在眼花缭乱的欲望面前患得患失，体会不到生活的美好。不过，从一定意义上说，理性攀比可以成为我们向目标前进路途中的一种动力。

诺康私下里常常琢磨自己的老板："他比我还小一岁，可是每年都有几个亿的收入。"在诺康看来，跟自己的小老板比起来，自己那一点点工资就好比一个要饭的。虽然自己也有房有车，有幸福的家庭，但时常感觉自己很无能，焦虑情绪溢于言表："什么时候我也能拥有那么多的财富就好了。"

有一天诺康参加老同学聚会，大家互相一比较，发现诺康不到三十岁，就要车有车，要房有房，他这些年来混得最好。老同学们都羡慕他，因为他们很多人还在为生活苦苦挣扎。

诺康重新找回了自信，他始终在心里告诫自己："我不是因为比同学们强而有优越感，而是找到了该以什么样的心态去面对攀比。"在之后的工作里，诺康更加卖力，面对小老板的时候，他也可以保持一颗平常心向人家学习。

"比上不足，比下有余"就是我们与他人比较时的常态，有人愁容满面，有人却无所谓，只用心经营着自己的小生活。前者沉浸于欲望而攀比，后者懂得知足而开心，不同的心态决定了不同的情绪状态。

攀比不是人类独有的，自然界处处都是攀比。但是动物的攀比是基于对繁衍生息的渴求，而我们的攀比大多出于不知足，出于自己的欲望和虚荣心。如果追求轻松自在的活法，就不能总拿别人做参照。殊不知"人比人，气死人"，盲目的攀比最终只会把你拖入痛苦的深渊，其实，自己知足就好。

幸福和攀比不能画等号。心理学家认为，有些人感受不到幸福，是因为他们设定的条件太苛刻、对生活的期望太高，在攀比中丢失了幸福感。

要想做到知足常乐，第一，不要抱怨，多多感恩。遇到事情不要抱怨，冷静分析后做出正确选择，同时感恩生活赐予的一切。那些经历过大苦大难的人，大都比常人更懂得感恩生活，因此也就少了许多欲望和烦恼；第二，多转换角度看待问题，多想想自己有什么，而不要总拿自己没有的东西去和别人富有的东西比较，换个角度，知足才能快乐；第三，多关注自身，多学习他人。多从自身找原因、学习他人的长处来提升自我，不要总要求别人，提升自我才能知足常乐。

知足是"有钱难买我快乐"，知足的人懂得自己"需要"而非"想要"，知足更不等于碌碌无为的放弃，而是努力后的"得之我幸，失之我命"。

歌德说："攀比是产生烦恼的根源。"在物质充裕、诱惑满地的现代社会，我们更要学会知足，避免攀比，独善其身，在轻松自由的情绪状态下享受生活的快乐。

敢于接受工作挑战,获得满满的成就感

工作中时有压力和痛苦,也没听说谁可以不去上班,大家还是在声声抱怨中每天按照惯例去工作。不论科技发展到什么程度,无论是高富帅还是白富美,总要工作劳动,面临挑战。浮躁、不耐烦等消极情绪难免会在工作任务繁多的时候出现,可是当你铆足劲头完成了一个棘手的任务时,苦闷的心情必然转为愉悦,伴随着愉悦出现的还有内心极大的满足感!

成就感无非就是完成一件艰难的任务之后获得的感受,前提是任务有难度,或烦琐,或耗时,最后取得了圆满结果。比如一个扫地的清洁工人能够坚持二十年笔耕不辍,完成一部自己的人生史,这就可以获得一种成就感。

获得成就感的过程可能会非常痛苦,这种痛苦不是源于难度本身,而是内心在坚持、忍耐、自信和放弃、焦躁、绝望之间的摇摆不定。

徐菲是一名从业多年的麻醉师,这些年来经她麻醉的手术患者都

恢复了健康。在她看来，尽量把麻醉工作做好是自己的本分。

突然有一天，手术室送进来一位孕妇，因为难产，急需局部麻醉以进行剖宫产。徐菲本以为会和往常一样顺利，她从容不迫地做好准备工作，开始对患者进行麻醉前检查。然而，她遇到了一个从业多年来从未碰到过的情况，这名孕妇的腰椎骨间隙异常狭窄，麻醉针头根本穿不进去。徐菲在麻醉区附近换了几个点，却都是戳不动的骨头。

从未遇到过这种情况的徐菲急坏了，眼看着孕妇痛苦不堪，自己却没办法顺利实施麻醉。

"小菲，实在不行就进行全身麻醉吧。"主刀医生也有点焦急。"可是全身麻醉对大脑神经会有一定的麻痹作用，我还是想坚持局部麻醉。"徐菲坚持道。

她扶起孕妇双肩，换了一个更细的针头继续尝试，令她欣喜的是，针头成功把麻药打了进去，很快患者就表示疼痛感消失了。

手术非常顺利，母子平安。徐菲的心终于放下来，同时心中升腾起一种莫大的成就感，这次经历让她在以后的工作中更有动力和责任心。

对医务人员来说，每一个工作任务都具有挑战性，病人康复的那一刻是他们内心最幸福、最有成就感的时刻。年复一年，日复一日，烦琐、反复的过程早就扑灭了一个人对工作的热情。如果恰在这时，碰到一些有难度的工作，并且经过努力挑战成功，成就感就会油然而生，从而增加了对职业和自身的认同感。

人生每天都有艰难险阻，如果总是不敢挑战高度，只一味退缩、放弃，那么只能永远停滞不前。当我们克服挑战，摘取胜利果实的时候，就会有一种"会当凌绝顶，一览众山小"的快意。

费德勒有着网球史上最为人称赞的球风，他也拿到了大家公认最为出色的战绩，在对手眼中，他配得上所有赞美之词。

2004年首次夺冠，2019年第四次封王，即便费德勒已经过了运动员的黄金年龄，他还是高居世界顶尖选手之列。在迪拜封王之后，他成为史上第二位赢得一百个冠军的球员。之后又在迈阿密第四次加冕，被称为"创造101成功"。

费德勒不爱给自己设限，什么样的挑战他都乐于接受并克服。他表示自己不单单是为了追逐多少个冠军的目标，更注重的是追逐目标的过程。他总给自己提出新的挑战，并从中获得内心的成就感，至于那些冠军的头衔，不过是挑战过程中的收获。

在证明自身价值的过程中，逐步完成有一定挑战性的目标，可以使我们保持向上姿态。因为过于困难或过于简单都会让人丧失斗志，而成就感恰恰是勾引火苗外焰的纸张。

刚参加工作可能是为了养家糊口、开阔眼界、提升技能、改变世界，工作一段时间就会发现，工资不能糊口、眼界无法开阔、技能没有提升、世界无力改变。归根结底，是没有得到成就感和价值感。

提升成就感可以从几个方面入手。第一点，一定要主动学习。这是一个急速发展的社会，信息、技术转眼间就更新换代，为了保持我们的不可替代性，除了做好本职工作外，还要尽可能多学习一些新技术。毕竟，"百事通"不用担心被新人"拍死在沙滩上"，另一方面，掌握新技能会帮你处理新领域的诸多问题，从而获得成就感。

第二点，要敢于挑战高难度工作。现在的工作可能使你感觉枯燥无味、疲惫不堪，这时候可以尝试高难度的工作，体验新鲜感的同时，既锻炼了能力，又为自己带来了成就感，成功后还可以提升地位，完全是利大于弊的选择。

第三点，积极帮助他人解决问题。多带带新人，当他们学成出师的时候，你可以自豪地说："这孩子是我带出来的。"一方面获得了人脉关系，另一方面会为育人的成就感而开心。

积极迎接挑战，并充满斗志地克服它，你会从成功中体会到巨大的成就感，工作的疲劳也会因为美好情绪的到来而消失。

知识付费时代，扫除你的知识焦虑

信息匮乏年代人们会因为落后而焦虑，如今信息时代，我们每天都会接触到数不胜数的信息，打开手机网页，轻轻下滑，一批批信息便扑面而来。我们不禁疑惑，信息社会的进步，为什么没有解决内心的知识焦虑？我们看了很多书，焦虑反而有加重的趋势。

总有人会发表言论，声称不带功利性多读些东西是有好处的，这一观点只能说是正确的，却是无用的。我们身边有很多人喜欢关注"大V"，时不时被"大V"的言论牵着鼻子走。我们在他们的言论中获得了短暂的欢乐，然而实际学到的有用知识非常少。

鑫源在一家公司做了多年高管，他承认自己的管理思维和管理模式已经固化落后。尤其最近几年，社会前进的步伐太快，各种知识付费项目快速崛起，以前只是同行业抢饭吃，现在外行通过付费学习，也来抢饭吃。

看着公司里如狼似虎的年轻竞争者越来越多，鑫源开始焦虑起来，他生怕自己哪天被某个后起之秀顶替。他有房、有车，唯一怕失去的就是自己这个高管职位。一旦从公司高管的位置离开，就只能选择辞职，但是凭借已然落后的能力根本找不到比现在更好的工作。

为了继续提升自己，保住位置，他也踏进了知识付费的圈子中。他先是报了很多课程，有增长见识的、有提高专业技能的。另外，为了身体健康，他还极不情愿地报了健身课，还强迫自己每天要"按时"，按时吃饭、睡觉等。

但是，虽然花钱买了很多课程，他却没上几天课，就以时间不够为借口放弃；去了两天健身房就以腰酸背痛为借口放弃；早起早睡等打卡活动也没有坚持几天。

这就是现在的潮流，什么不会补什么，于是各种知识付费项目迎合着大众的胃口出现了。然而大多数人经过一番学习后只得出了结论："道理都懂，依然过不好这一生。"

周围优秀的人越来越多，我们总是有意无意地拿自己和别人比较，不如人的时候，心就慌了，生怕别人赚得更多，爬得更高，危机感开始作祟，这就是知识焦虑。究其根本，是对未来的不确定，于是我们开始出发，不得不走上了自我强化之路。

那些经历过知识付费强化的人，为什么依然没有走出知识焦虑呢？社会急速发展，人也忙得像陀螺，能利用的大多是碎片时间。所以，知识付费模式不同于学校的系统学习，它带来的更多是碎片化知识，效果并不出众。比如我们利用碎片时间看过好多关于某个主题的资料，但是真到用时一个都想不起来，即使我们确实看过。此外，理论知识和实际运用存在着很大区别，就像你考得过驾照，却不敢上高速开车。理论性内容的批量生产，让人无法验证知识真伪，所以越学反倒越焦虑。

这个时代，无用的知识太多，像某个明星出轨了、某网红小学毕业年入千万等与我们无关的信息充斥着我们的眼球。正是在这些无用知识的浸泡中，知识焦虑出现了。而要想摆脱焦虑，就需要掌握真知。

为了响应公司与时俱进的精神，鉴于创意部是最需要思维的部门，需要更多的知识输入，思雨所在的创意部开展了一次知识付费、提升自我活动。

公司特意下达了"恩旨"，创意部所有跟工作相关的网络课程费用予以报销。思雨充分利用工作之外的时间，还专门买了一个笔记本来记录，而相比之下，其他员工大都不太愿意用心学习。

一段时间后，公司组织创意部进行研讨会，就最近的学习状况做一下汇报交流。会议上说什么的都有，大多数人都是以"成功学"为主题，张口闭口不是总裁就是电商大佬。只有思雨按照自己笔记本上记录的知识体系一一阐述，没有CEO，没有成功者，都是一些在工作中实用的技能。思雨的汇报获得了领导的欣赏和夸奖，而思雨也不负期望，在后来的工作中运用所学，取得了优秀业绩。

有时候，把能力提升寄希望于知识付费项目是一种错误，仿佛听了某个专家、教授或成功人士的宣讲就能百事成功。其实知识付费有没有用、有多大用，没有人能够做出保证，当我们面对高昂的价格，以及一无所获的结果时，知识焦虑只会更加严重。

知识付费本身解决不了知识焦虑，要想在这个知识泛滥的年代里获得真知，还得从自身做起。

首先，要有端正的学习态度，明白掌握知识是一个沉缓的过程，不可急功近利，切不能今天才从半年制的IT（互联网技术）培训班毕业，明天找工作就张口要三五万薪资。

其次，在学习的过程中（包括知识付费）培养自己的知识体系，拥有了知识体系，才能牢牢掌握碎片化知识。

最后，尽可能掌握一些实用的，或者说功利性的知识技术。人毕竟活在现实中，都有各自的生活压力，如果知识不能在以后的运用中变现，何苦要用有限的时间去学习它呢？

学习本就是为了提升能力而非解决焦虑，人云亦云的学习必然导致更进一步的焦虑。自己要明白心中真正想要的知识，因为知识无限，人生有限，用有限的人生去学习有用的知识，才能摆脱焦虑情绪，走向人生巅峰。

无论多忙，你的兴趣爱好都不能丢

孔子曾说："知之者不如好之者，好之者不如乐之者。"不论做什么事情，拥有兴趣都非常重要。兴趣是指一个人积极探究某种事物及爱好某种活动的心理倾向。兴趣产生倾向，让人表现出极大热情，并带动身体积极参与其中，同时还伴有心理上的极大愉悦感。

物欲横流的社会中，人人都忙着追求功名利禄，最直观的证据就是热兴的"996"工作模式。在解决生活压力的前提下，能够留给自己的空余时间所剩无几，于是忙碌成了丢弃兴趣爱好的合理借口。然后副作用出现了。不少人都感叹："在外工作，最痛苦的是无聊和孤独。"为什么呢？因为失去了兴趣爱好，人成了工作机器。

荀悠悠是一家公司的行政主管，从来都是兢兢业业，可最近一段时间，她总是感觉浑身无力、无精打采，面对行政事务，内心充满了失望与挫败感，甚至有一个声音一直在催促自己辞职。

仔细回想来公司的这五年，自己从一个名不见经传的小职员，一路干到行政主管的位子，其中付出了多少努力！初入公司，为了提升业绩，没日没夜地加班加点，做方案、搞洽谈。每天回到家里都已深夜，以前维持了多年的爱好，瑜伽、睡前写作等直接抹杀，即使是周末，也没有时间触碰自己最爱的羽毛球，因为要赶着做下一周的方案计划。

细思极恐，荀悠悠感叹自己这五年来完全成了一个工作狂人，为了职位的爬升，她放弃了太多喜欢做、想要做的事情，得到了成就，却失去了最重要的快乐。她找回思绪，决定任性一把，果断向老板递交了辞职信："五年来失去太多，现在要去找回自己。"

那个爱好瑜伽、写作、运动的元气女子又回来了，荀悠悠自己都很奇怪，自从捡起曾经的爱好，之前精神上、身体上的症状都消失了，在快乐中她更坚信自己做出了正确的选择。

心情不好时，不妨找一些感兴趣的事情去做，也不用在意结果，这不必成为以后的专业。做喜欢的事情可以转移注意力，节省花费在烦恼上的精力，最重要的是，做这件事的过程中，内心能享受到愉悦感。

工作是为了谋生，但是人的一生，最好有一份不以谋生为目的的工作。有人可能会问，不为谋生的工作，为什么还要做呢？因为要快乐。

健康的兴趣爱好可以帮助一个人从主观上积极掌握某项技能。爱因斯坦曾经说过："兴趣是最好的老师。"比如有些人自小喜欢美术，不用旁人多说，自己就知道去学习掌握有关美术的一切知识。如果逼着一个对美术没有半点兴趣的人画画，非把人家头疼死不可。

健康的兴趣爱好可以让生活充满正能量。有很多老员工，退休之后一下子陷入老年抑郁中，就是因为突然闲下来，迷失了自己。如果此时有一个兴趣爱好，比如跳广场舞、养小宠物、钓鱼、学乐器等，就可以变得忙碌而充实。

健康的兴趣爱好让我们在快乐中克服困难。正常情况下，遇到难题时，人们要么眉头紧皱，要么直接放弃。而对自己感兴趣的东西，因为喜欢，所以坚持，从而取得一次次成功。在我们探索的过程中，无论在前方看到什么，那都是意想不到的惊喜，是原本的生活所缺少的东西，我们称之为幸福。

舞蹈、阅读、书画等美好事物我们可以称之为爱好，但打架、酗酒、吸毒等是不良嗜好，要注意区分，如果迷失，请找回自己。

徐乐在外工作，节假日里经常被同事拉去玩，喝酒、唱歌、跳舞。在他看来，灯红酒绿的城市里，太多的人精神空虚、迷失自己。徐乐每次出去都是身不由己，可大家都一起去喝酒K歌，不跟着做，就显得格格不入。在这种环境下，他没有沉沦进去，因为一个坚持了十几年的兴趣爱好——书法。每天下班后，徐乐都会抽出时间练习书法，虽然不知道未来会怎样，但至少没白过这一天。

我们可以尝试的兴趣爱好太多了，琴棋书画冶情操，体育运动强身体。兴趣爱好无所不在，虽然未必为你带来财富，但会使你从外在肉体到内在灵魂，都得到洗礼与升华。没有兴趣爱好的人生是枯燥无味的，而且，据科学研究，有兴趣爱好的人患老年痴呆症的概率比常人低很多。

生活中的许多事情我们不得不做，这是烦恼的来源。不妨在业余时间培养一些爱好，多发现乐趣，这样的生活才更快乐。

睡眠真的可以缓解压力和情绪吗？

平日里，有人因为各种压力而情绪低落时，大家会习惯性地忠告："什么都别想，睡一觉醒来就都好了。"睡眠真的可以缓解压力和情绪吗？回想一下最近的状态：工作劳累一天，在回家的地铁上就已经小鸡啄米，其实也没有真正睡着，因为心里还装着很多事。好不容易盼到周末，大多数上班族的选择就是晚上洗个澡，然后玩手机到半夜，再一觉睡到第二天中午。

很多人只知道累了就睡觉，这似乎成了一种常识。睡眠除了可以保障身体健康，更深层次的意义是能够调节内心积攒的压力和不良情绪。

冥悦是一个北漂上班族，对她来说，周末睡觉就是给精神充电最好的方式。但是以前，她都是利用周末做自己想做的事情，看看电影、逛逛景点，睡觉是夜晚的专利，如果不利用周末来丰富自己的生活，那就是在浪费生命。

后来，公司给她分配了一个重要项目，为了保证项目完成，她一连一个星期加班到后半夜，每天只有三四个小时的睡眠时间，一天只能吃一顿饭。在巨大的精神和身体压力下，冥悦病倒了，项目只好移交给另外一位同事去做，可是项目的前期工作都是冥悦一手完成，相当于把自己的成果送给了他人。

她一方面对领导阐明自己的意见，一方面强行坚持工作，然而领导还是坚决把精神憔悴的她换了下来，并嘱咐她先好好休息一下。在对自己的身体认真评估之后，冥悦遵从了领导的安排，带着满心的愤恨和不甘，拖着疲惫的身子躺倒在床上，然后默默地流泪。

她不知道自己是什么时候睡着的，醒来已经是第二天下午。一觉之后，冥悦发现自己的大脑从来没有这么清醒过，而且眼神灵光、浑身轻巧，这时候再想到项目的事，之前的愤恨、不甘和伤心全都消失不见，要说当下唯一的感觉，就是好饿。

冥悦明白了用透支身体健康的方式去换取金钱利益，这种做法真是愚蠢可笑。从那之后，她放弃了疲劳加班，每到周末必会抽出时间来美美地睡上一觉，用适当的休息来让身体和情绪得到放松，从而让自己在工作过程中时刻保持在线状态。

情绪除了受主观的精神认知影响外，也会受到机体健康的影响。在中医理论中，生气会伤及肝脏，肝脏不好的人，容易喜怒无常。

关于睡眠对情绪的影响，曾经有人做过实验。找几个关押在监狱的死刑犯，告诉他们如果可以连续三十天不睡觉，三十天后他们就可以重获自由。实验进行到一半，就被强行终止，因为那几个犯人因为长时间不眠不休，情绪和精神已经完全崩溃，几乎和行尸走肉无异。

白天处在各种压力之下，身体内会积累大量乳酸，让人身心俱疲。睡觉时，身体的关节、肌肉处于松弛状态，可缓解身体疲劳；大脑不再进行思考，长时间紧绷的神经暂时得以放松，可缓解脑力疲劳；体内各个脏器运行速率减缓，器官得到充分休息，身体中的乳酸会被循环系统清理，疲劳感也会一扫而光。只有获得足够的休息之后，才能用健康的身体和饱满的精神，去应付生活中的各种琐事。

压力、情绪的产生，很多时候是因为内心对事物念念不忘，患得患失，日思夜想而不可得。不如暂时把"想得不可得之事"记在本子上，给自己留下一个奋斗的念想，然后置之一旁，好好地睡一觉，攒足精神迎接明天的挑战。

俗话说："日有所思，夜有所梦。"我们可以理解为在梦中能够实现自己心中所想。有时候一个好梦会让新的一天精神百倍，而做梦，本身就是身体自我放松的过程。心理学家认为，白天积攒的压力和不满，都会在睡觉时以梦的形式得到充分宣泄，让情绪缓和下来。

既然睡觉对缓解压力和不良情绪是有效果的，那么一个好的睡眠习惯非常重要。首先，要保持规律的作息时间，尽量保证每天有六到八小时的睡眠。其次，要注意睡眠环境，比如光线是否黑暗、被褥是否舒适等。最后，睡觉时闭目冥想，简单回想一天的经历，放下种种思虑，停止一切坏心情。

虽然睡眠对于缓解压力和不良情绪有一定的作用，但不能把希望都寄托在睡觉上，真正解决压力的方法无非还是努力达成心中所想，这才是每个人都要积极努力的方向。

"跑步，在我状态最差的时候拯救了我"

朋友圈时不时就会刮起一股跑步风，很多人见面打招呼时，不再是"吃了吗？"大家更喜欢问"今天跑了多少公里？"各种跑步照、打卡动态刷爆了朋友圈。

不只是普通人，名人企业家也成了跑步达人，比如Facebook（脸书）的扎克伯格、股神巴菲特等人，他们也经常晒各种跑步照片和跑步成绩。跑步似乎已经成了"全民运动"，很多人说，跑步让他们有了新的改变。

著名小说家村上春树在刚成为专职小说作家时，为了寻找写作灵感，每天抽将近六十支香烟。他是易胖体质，不规律的生活和不良的生活习惯很快就把他的身体拖垮了。

为了能够继续自己的写作事业，村上春树开始跑步。从33岁开始，他坚持跑步三十五年，风雨无阻。他每年至少参加一次全程马拉松，并获得过三小时二十七分钟的好成绩。跑步不但为他带来了健康的身体，还能够让他在创作时保持头脑清醒。

他曾在《当我谈跑步时我谈些什么》一书中写道："我从一九八二年的秋天开始跑步，持续跑了将近二十三年，几乎每天都坚持慢跑，每年至少跑一次全程马拉松——算起来，迄今共跑了二十三次，还在世界各地参加过无数次长短距离的比赛。跑长距离原本与我的性格相符合，只要跑步，我便感到快乐。在我迄今为止的人生中养成的诸多习惯里，跑步恐怕是最有益的一个，具有重要意义。我觉得由于二十多年从不间断地跑步，我的躯体和精神大致朝着良好的方向得到了强化。"

我们很难看到经常跑步的人身上有沮丧感，跑步者的精神状态充满了正能量，并且能够影响身边的人。

潘石屹对跑步很执着，很多员工还在睡梦中时，他已经跑步回来。即使出差，他的跑步"大业"也仍旧继续。他还带着自己的夫人一起跑步，两人经常在微博上大喊："跑完后好有幸福感！"

《让大脑自由》一书中提到了"运动可以让我们的大脑更好地运转"的原理："运动可以使更多的血液流向大脑，为大脑带来丰富的葡萄糖作为能量，同时还能带走氧气吸附遗留下来的有害电子。"也就是说，跑步的时候，血液会变得更加活跃来刺激大脑形成新细胞，大脑因此会更加清醒。每周两次有氧运动可以把痴呆症风险降低一半，减少60%患阿尔茨海默病的概率，一些精神障碍，比如抑郁症和焦虑症等也可以通过跑步进行干预。

有的人抱怨："我也想要跑步，但就是坚持不下去。"所以坚持非常重要，坚持跑步的过程也是自我毅力的成长过程。

一大早，青青就在朋友圈晒出了一张刚跑完步的照片，整个人看起来神清气爽。以前的她除了工作，就是下班回家刷剧，整个人处于昏昏沉沉的状态，感觉要废了。后来，在朋友的建议下，她开始跑步。

一开始跑步的时候，青青非常抗拒，一跑就胸口疼，曾无数次想过放弃。每次想放弃的时候，她就会告诉自己："大口呼吸，再坚持一下。"就这样，她突破了一个又一个极限。习惯每天跑步之后，她开始享受跑步所带来的各种好处，心情愉悦，工作效率也明显提高。

跑步有诸多好处，身体运动中分泌的激素能够活跃大脑神经，让精神愉快，各种消极情绪一扫而光，压力大减。跑步时的能量消耗能够刺激食欲，稳定作息，对于爱美的人来说，跑步还可以塑形减肥。最重要的是，跑步能让我们放下手机，静心观察这多彩世界。下决心跑步，一定要敢于开始，这就和写作一样，最难的是开始。

开始之后，这个项目就成功了一半，但还需要坚持。不想继续的时候，就再坚持一下，不知不觉就坚持下去了。要想有效果，就每天至少跑半个小时，最好一个小时。我们都有求胜心，但跑步是自己的事，不必和某人进行竞争，只需要突破自我。

跑步是一个成长型项目，不能起到立竿见影的效果，所以不要祈求一天两天就能起到安眠健体的功效，要在不断的积累中享受成长的乐趣。跑步只是一个自我拯救的手段，不是必要条件，在情绪获得缓解的同时，还需要回归到问题的解决之道中，否则是给自己徒增烦恼。

"如果你想强壮,跑步吧!如果你想健美,跑步吧!如果你想聪明,跑步吧!"如果你还在为自己的身体和精神状况担心,那么在此时此刻,就通过跑步重新找回神勇吧。爱上跑步,这一生都会从中受益。

管理你的精力,告别力不从心

什么是精力?上午工作时,永远精神饱满,思维活跃;而到了下午,疲惫不堪,就想趴着睡。上午精力充沛,所以表现好,精力在上午都用完了,而且没有及时补充,到下午就很疲倦。

每当工作了一天之后,身心俱疲,我们真的没有精力再去提升自己。很多人有一颗不甘于现状的野心,却没有实现野心的精力。所以说,光有一颗拼命的心还不够,在奋斗的路上,最重要的是懂得如何分配自己的精力。

刘亦是一家网络公司的职员,平日里除了做好本职工作之外,还报了几个技能培训班,每天都非常忙碌。

她经常对自己说:"现在的工作只是一个跳板而已,要努力提升自己的能力,学会更多的东西,然后跳槽到大公司。"

刘亦除了上班就是学习,看似把时间安排得满满当当,但事情并没有朝着内心设想的方向发展。上班时想着学习,本职工作没有做好;学习时想着上司的批评,也不能投入进去。她整个人因学习和工作的压力变得非常憔悴,甚至出现了记忆力减退等精神症状,情绪也变得越来越不稳定,常因小事和人争吵。身心俱疲的刘亦最后哪个证书都没有考下来。

在工作之余,多学习几门技能来提升自己,这是好事,但是一定要注意精力的合理分配。有的人要学英语、画画,还要兼顾一整天的工作,不得不把自己的精力分成好几份,去做不同的事情。时间安排满满当当,最后却一件事情都没有完成,只能陷入挫败情绪中。

要想提高自己的工作效率,就要管理好时间。管理好精力,效率才会真正提高。

个人的精力储备随着年龄的增长不断下降。小孩子每天都活力四射,连续玩好几个小时,依然精神百倍;成年人往往做一件事就感到力不从心。年龄大了,不如年轻人精力旺盛是事实,不能不服老。但如果对精力管理得当,也能让自己精力充沛。

王杰总是一副精力旺盛的样子,走路抬头挺胸,说话中气十足,工作效率很高,深受老板重视。

"为什么你总能保持这么旺盛的精力?无论做什么事情,从来没有看过你累的样子。"同事们经常问他这样的问题。

王杰笑着说:"我只是做到了什么时候干什么事,比如工作时全力工作,玩耍时全力玩耍。玩耍时休息好,工作时才有精力专注,分清楚轻重缓急。"

朋友继续问:"轻重缓急是什么意思?"王杰解释:"生活里,有一些事非常重要,必须要马上去做,有一些事可以延后做。工作也是如此，精力要放在那些重要、马上需要做的事务上，否则工作效率肯定会很低。"

斐洛斯特拉图斯提出一个理论："通过运动和休息的交替，可以最大限度地提高表现。"人是血肉之躯，不是机器人，不可能一直保持精力旺盛。感觉疲乏的时候，不妨休息一下，给精力充下电，再去冲刺下一个任务。

进行精力管理时，要从精力的四个来源入手，即体能、情感、思维、意志。

体能：好的身体是完成一切事务的前提。身体不好，遭遇疾病时，精力就会枯竭，整个人的精神面貌完全塌陷。沉重的身体会让人产生消极情绪，影响主观能动性。因此，我们要养成良好的生活习惯，适当锻炼身体，保持作息规律。身体越健康，精力越充沛。

情感：情感变动直接影响情绪。个人情感遭受重大打击时，整个人的精力就会枯竭，比如痛不欲生的失恋、至亲之人去世等。在情感打击下，内心会被消极情绪占据，没有精力再去处理其他事情。为了保持好的情感状态，我们可以每隔一段时间就抽空做一次自己真正喜欢的事情，这种情感减压可以为精力充电。比如村上春树会每天跑步，哲学家康德每天三点就准时出门散步。或者我们还可以寻一知己好友，在脆弱的时候向对方倾诉。

思维：思维枯竭的人已经对生活失去了希望，这样的人还有精力去实现美好愿景吗？面对困境，我们需要正确地思考，进而解决问题，而不是被恐惧吓倒。乐观的思维有助于精力恢复，消极则会让人精力涣散。

意志：一个拥有强大意志力的人，在任何艰苦条件下都能奋发图强。精神的力量不可战胜，意志是最高级的精力源。意志力枯竭的人得过且过，安于或不安于现状都没有精力做出改变，整个人会很颓废。要想精力满满需要激发意志，树立奋斗目标，然后忠于自我，让自己的行为配得上理想。

精力的四个来源相互独立，又相互依存。任何一个处于消极状态，其他三个都会做出相应反应，如果配合得当，精力就可以达到最佳状态。

很多事情还没做完，时间已经过去，身心俱疲的同时，还没有获得成果。并不是你不优秀，只是你用有限的精力同时去做多件事情，精力分散了而已。

学会精力管理之后，就会觉得以前力不从心的事情并没有什么。一些小小的改变就可以让人保持充沛的精力，迎接各种挑战。记得下次把精力集合在一件事情上，一定会得到一个令你满意的结果。

屏蔽掉你身边的负能量

每次参加聚会时都难免遇到一些老朋友,总有人抱怨生活不如意,否定别人的努力,满脸写着对现实的不满,本来愉悦的气氛在负能量的笼罩下变得压抑起来。我们都是普通人,不是灵魂上刀枪不入、水火不侵的圣人,我们还没有强大到不受负能量的影响。因此,对待身边给我们带来负能量的人,最好的办法就是尽量屏蔽。

若一个人满脸阳光与微笑,谁都愿意跟他多聊几句,而面对阴沉着脸,看什么都不顺眼的人,必须小心与其交流,以免惹得一身骚。人在抵抗负能量时十分脆弱,所以一定要屏蔽负能量,躲开无畏的伤害。

从前有一个人,每次与人起争执的时候,就快速跑回家去。他有一个习惯:绕着自己的房子和土地跑三圈。

由于他的努力劳动,家里的房子越来越大,土地也越来越广。但他只要与人争论而生气时,依旧沿袭绕圈的方法,不管房、地有多大。

年轻的时候，有人问他为什么要这么做，他回答："我和人吵架，就绕着房子跑三圈，边跑边想自己房子这么小，土地这么少，然后气就消了，就可以把所有的精力都用在工作劳动中。"

等到他老了，有人问："你怎么还是在跑啊？"他回答："我已经有了这么多土地，还是心平气和点比较好，何必和人计较。"

生活是个大染缸，形形色色的人都有。我们不能决定他人的品质和性格，只能选择从心中屏蔽掉那些负能量的人，然后经营好自己的日子，不被周围人的负能量左右情绪。

有时候，正能量也会因为某些人的不良用心而演化成负能量。新闻上经常报道，年轻人扶起摔倒的老人却被讹钱；让座本应是心甘情愿、尊老爱幼的正能量行为，在一些人身上却变成了负能量的道德绑架。负能量听起来似乎离生活特别远，其实就在离我们最近的朋友圈。

于珊在国外旅行时发了一组旅行照，她的本意是拍照留念，并分享自己的生活点滴。可是在众多的评论中，突然出现了扎眼的话："你这就是炫，不就出国旅个游嘛。"

看到这样的评论，于珊很生气，点开头像一看，原来是公司出了名的"刀子嘴"。只要其他人过得比她好，就看不过去，一口一个"炫富""秀恩爱散得快"。

本来还想着予以还击来缓解自己郁闷的心情，看到"刀子嘴"之后，于珊默默地吞下这口恶气，果断对她屏蔽了朋友圈。

大概每个人的身边都有这类负能量的人，也许是多嘴的同事、邻居，或者是插足自己人生大事的亲戚，我们不喜欢他们，却不能撕破脸皮，无法真正摆脱。很多时候就是因为这一小撮人负能量的影响，我们才心情烦闷、暴躁易怒。

人总要被放在太阳底下，成为他人闲来无事的谈资。不要因为别人的闲言碎语失了心智，生活是自己的，人活着不是为了让别人开心满意。如果真的接受了这些负能量，就正好应验了他们的说法，不免被人耻笑。

生活的全部意义在于自己活得舒坦自在，所以不必理会那些负能量，屏蔽就好。屏蔽负能量是一种自我保护，本身我们自己心里的负能量就不知道如何疏导，凭什么还要当别人的垃圾桶。

正能量的人也会遇到麻烦或挫折，只是早已学会了自动屏蔽。作家李尚龙说："负能量是在鞭笞别人的不好、责骂社会的不公；正能量是在讲完后告诉你，即使再苦，我依旧可以通过努力去改变一些。"

负能量类似传染病，让人烦躁不安、焦虑不断。每个人都有正能量，在人际交往中，要散发正能量，共事才会顺利。当负能量弥漫时，我们可以戴着耳机运动，或躺着冥想，稳定自己的焦躁情绪，然后搜索几部搞笑电影，把负能量驱散。"己所不欲，勿施于人。"我们都不愿接受负能量，也别把心里的负能量宣泄给别人，将负能量封印在日记中也不失为一种好的方式。

正能量是社会进步和个人成长必需的精神能量,跟随蝴蝶会看到鲜花,跟着苍蝇会摔进脏坑,愿你远离负能量,做正能量的支持者、维护者和传递者!

第七章

修炼情绪,
不委屈自己也不伤害别人

理解怨恨，就能放下纠结

怨恨情绪是一种潜藏心中隐忍未发的怒意，在某些原因驱使下，我们心里充满了对他人的不满或仇恨。怨恨不像暴怒一样，充分向外部进行发泄，同时也不完全指向自己，于是就在二者之间徘徊，消耗着大量的心理能量。

怨恨情绪没有爆发的时候，会在精神和肉体上折磨自己，爆发时，又伤人害己。处在怨恨情绪中的个体经常处于负能量中，久而久之，会产生躯体上的疾病，直接危害身心健康。而有黑暗就有光明，面对怨恨情绪时，要善用正义之心进行化解。

英国的一个市场里，一位中国妇女的摊位生意特别好，长时间霸占着市场的大份额客源。其他摊贩为此心生怨恨，但是表面上没有撕破脸皮，大家还是以笑脸相待。

其他摊贩经常有意无意地把垃圾扫到中国妇女的店门口，想以此来恶心、打击她。但是她并没有计较，反而一笑置之，把门前的垃圾都清扫到自己店的垃圾桶里。

有一名外国妇人看到了这一幕，忍不住问她："他们出于对你生意兴隆的怨恨，把垃圾都扫到你的店铺门口，你为什么不生气？"中国妇女笑笑回答："我们老家有个习俗，过年时都会把垃圾往家里扫，垃圾越多就代表赚的钱越多。现在每天都有人给我的店铺送钱，我的生意越来越好了。"

她的话传到了那些摊贩耳中，所有人都为自己的做法惭愧不已。从此，那些垃圾再也没有出现在她店门口。

怨恨的根源在于内心得不到满足而产生挫败感。人们理所当然地认为自己的愿望应该得到满足，并倾向于把没有得到满足的原因归于他人。所以在现实中遭受挫败时，自然会对他人心生怨恨。

问题是，人在归罪于他人时，内心隐忍未发的怒意也会归罪于自己，开始攻击自己，在怨恨他人与责备自己之间纠结。也就是说，对他人心生怨恨的人也会怨恨自己：自己不够优秀，不够努力等。

因此，在怨恨一个人的时候，可能对自身产生更大的伤害。所以，我们要做的是尽力调整身心状态，试着让自己从怨恨的情绪中走出来。

陆寒英遇到了一件糟心事，公司一个平日里跟自己关系不错的同事，竟然在背地里偷偷撬走了自己的单子，用尽各种卑劣的手段，让他损失了财产和信誉。

那段日子里，陆寒英的情绪十分低落，他觉得自己太冤枉，太无辜。各种怨恨报复的想法萦绕在心头：是不是背地里也抢他的单子？要么在办公室里跟他撕破脸皮，大闹一场，然后潇洒离职？

怨恨的同时，他又迷茫，不知道"被狗咬一口，再回咬狗一口"的做法对不对，可是不咬吧，又咽不下这口气，同时还总感觉自己特别无能，竟然被人算计了……各种想法在心中反复纠结。于是他向公司请了一段时间假，出去旅行了一圈。

回归之后，陆寒英显得平静了许多，工作作风更加干练，在短时间内又搞定了几个大项目，用实力狠狠打击了对方。有人私下悄悄问他："陆哥，那谁明明就是盗取你的成果，你不恨他，不想报复吗？"陆寒英嘿嘿一笑："我接受事实，不能失去理智，平静下来能做的只有自己努力争气。"不久之后，陆寒英就因高业绩被提升为公司副经理。

这样的事情，任谁遇到都会觉得怨恨。有怨恨情绪很正常，被如此对待却只知怨恨而不做出改变的人才是最可悲的。

处理怨恨情绪，以其人之道还治其人之身是不可取的，怨恨报复一时爽，冤冤相报何时了。我们越刻意要放下怨恨情绪，怨恨情绪反而会反复出现在脑海中。其实不一定要无底线原谅，但是可以化怨恨为动力，转移注意力，看看电视、和朋友出去运动、全心投入工作等，让自己忙起来就无暇顾及怨恨情绪的折磨。

没有事事如意的生活，在我们咒骂不幸、不公时，怨恨就已经占据了心灵。身背重负的人无法走远，若将怨恨埋在心里，几年甚至几十年都不肯放下，就如同在灵魂中藏了一把刀，时常刺痛脆弱的心。

摆脱怨恨，首先要学会反思与总结。从自身出发，客观审视内心，是不是在刻意寻找发泄对象；平时多做一些真善美的事净化心灵；找到合适的发泄方式，比如运动健身、做公益、追求艺术等。怨恨情绪非常耗费精力，我们需要转移注意力，待情绪平定再来处理；已经发生的事情，再怎么生气，也不能改变事实，所以怨恨没有实际意义，不如调整情绪与心态，像孩子一样，知道谁不好就远离谁，杜绝未来再次受伤害。

莎士比亚说："不要因为你的敌人而燃起一把怒火，热得烧伤你自己。"恨一个人很累，拔掉心中怨恨的同时，便解放了自己。怨恨是慢性毒药，在心里时间越长，杀伤力越大，不如忘却一切伤痛，将"怨气"化作祝福，重新开始美好的生活。

多点包容心,体谅别人的不容易

因琐事与别人发生纠纷时,人只会站在自己的角度去考虑,在主观上要追究一个结果。但是人性本质上就有自私的一面,站在自己的位置上得出的结论永远都是针对性的。

将心比心是一种美德,能触摸到别人心底的柔软。生活如此艰难,不如多点理解和包容,别因为一些小事咄咄逼人,斤斤计较。这样既放过了他人,又轻松了自己。

外卖小哥等电梯时向客户解释等电梯的人多,请他再稍等一下,电话那头的人抱怨道:"再等不到就退单!"

"怎么了伙计?"有人关心地问。"上次有个单子晚了几分钟,人家就不要了,我自己掏腰包赔了一百多。这次估计又要……"外卖小哥丧气地说。

电梯来了,人们迅速挤满,外卖小哥进去后,电梯超重了。只见一个胖大汉主动走出了电梯,可还是超重,外卖小哥尴尬地笑笑往外走,谁知大汉把他往里一推,然后顺手一指另一个胖大汉:"哥们你也出来吧,咱们顶多再等一趟,他这是做着扣钱的活。"于是那个胖哥们儿也笑哈哈地走了出来。

或许有人会认为外卖小哥既然吃这口饭,就要承担这份责任,可是明明可以帮助人家躲过这一劫,为何非要故意添堵呢?如果有一天当我们需要帮助的时候怎么办呢?有教养的人始终能保持一颗理解和宽容的善心,而一个内心丑恶的人则事事吹毛求疵,为难他人。

每个人所处的环境不同,加之我们不像圣人那样有大智慧去了解别人的人生,所以无法做到真正的感同身受。越长大越知道每个人都不容易,有时看似不可思议的人和事,却并没有伤天害理。于是,我们不再随随便便评论他人的处世态度、生活状况,我们懂得了体谅,也愿意对这个世界温柔以待。

以前我们总喜欢追求非黑即白的"真理",非要分清好人坏人,谁是谁非。后来发现每个人都不一样,从家庭环境到社会处境,境遇千差万别,看待世界的角度当然也会不一样。站在对方的实际情况思考问题,我们可能细思极恐:原来这么想也是可以的,然后突感往日对人家嘲讽谩骂是多么荒谬的行为。

林天之是一个脾气火爆的人,常因一点儿小事就躁动不安。有一次在停车场门口,因为没带零钱,他给了看门老大爷一张一百块。大爷拿着钱开始打量,又摸又弹,对着光看了很久,还在思索那张百元钞票是不是真的。

"大爷,您到底能不能快点,我这还有急事呢,可没工夫跟您这瞎耽误。"林天之看着大爷磨磨唧唧,着实有点急。

"小伙子，你有所不知啊，我之前收到好几张一百块，都是假钞，每次都只能自己认栽。"大爷可怜巴巴地说。

林天之瞬间心软下来："大爷，我可以用我的人格保证这钱绝对是真的。您要是不信，您可以用验钞机看看，我就搁这等会儿。"过了几分钟，大爷才找了钱，放他出去。

开着车出来，林天之觉得他从这件事中突破了自我，要在以前，他肯定会因不被信任而生气。从那之后，再遇到同样的事情，他也学会了以体谅和理解待之。

人在没有设身处地思考的情况下，常以惯性思维评判事情好坏，如果站在别人的角度去看，就会发现那些不近人情中藏着许多不容易。善良成熟的人愿意对小错误报以温柔体谅，包容别人的想法，那颗柔软的心装得下整个世界。

越是生活中的细节，越能看出体谅对于一个人美德的昭示。如果在小事上都做不到包容、大度，还能指望此人在大是大非面前展现出恢宏大气的一面吗？比如工作中，团队已经竭尽全力，但还是出现了失误，这时不要轻易指责，因为团队中付出的成员比任何人都难受。在人生道路上，每个人都承受着不为人知的苦，他们的工作难免出现瑕疵和不周到，但尽量选择去尊重和体谅。因为如何待人，人就如何待你，体谅别人的不容易是高级修养。

作为成年人，与人相处，要时刻控制情绪，用理性来对待生活中的细碎。事事发怒抱怨，人际关系会趋于恶化。在节奏快、压力大的社会环境中，大家一味地索取温柔，自己却很难温柔待人。

聆听是体谅他人的关键。要认真听对方讲话，不以个人三观来评断，设身处地体验说话者的内心感受，让自己的思维和对方讲话节奏同步；同时，在对话中积极思考，提出问题，并总结交流重点；此外，要注意避免使用尖酸、刻薄的语言，即使别人说得不对，我们也不能当众制造尴尬，而应让对方充分感受到尊重和体谅。

学会共情体谅，才能体会真诚。有同理心的人不会把焦点放在眼前事实上，而是把事实和感受相联系，用宽容之心待人，与好心情为伴。

一个人的修养，看他如何发脾气

两个仇人狭路相逢，其中一人蛮横地说："我从不给狗让路。"另一人微微一笑，侧身让道："我正好相反。"生活中从来不乏不顺心之事，生气时的表现体现了一个人真正的修养，修养好的人总是善于控制情绪。

鲁哀公问孔子："你的弟子中，谁最喜欢学习？"孔子回答："颜回，因为他从不迁怒于人。""不迁怒"的君子比起一言不合就暴躁跳脚的人，确实更令人信服。所以，要想成为生活的强者，就要先学会控制情绪。

孙正在餐馆吃饭时，相邻的餐桌坐着几个穿着考究的中年人，看着挺有素质。一个人站起来敬酒时，恰逢服务员端盘上菜，两人不小心撞在一起，菜盘一下子摔了个粉碎，还弄了客人一身油。

"对不起，对不起，对不起！"服务员赶忙道歉，还拿纸巾给客人擦拭。

"你眼睛是不是瞎呀？"客人开始骂骂咧咧。

"对不起，对不起，对不起！"服务员一边收拾，一边不停道歉。可是客人丝毫没有要放过他的意思："说对不起有用吗？我这一身衣服可是名牌啊。"他要求服务员赔偿，骂人的话越发不堪入耳。满大厅人的目光都聚集在那人身上，大家看着这人一身讲究的穿着，一个个都感到诧异。孙正实在受不了那人没素质的吼叫，满脸鄙夷地结账离开。

日常状态下，人常常戴着面具，生气时最容易暴露本性。生气时对弱者的态度，可以反映一个人人品和修养的高度。平日里装得多么温文尔雅、人模人样，一旦生气，就会原形毕露、脏话连篇，所谓的素质早就飞到九霄云外，这样的人绝对不是一个有修养的人。为什么总说在生活和工作中要远离那些发脾气、没修养的人，因为发脾气时坏情绪会传染，自己发泄痛快了，身边的人却会因为你的痛快而不痛快。

胡适在《我的母亲》里写道："我渐渐明白，世间最可厌恶的事莫如一张生气的脸，这比打骂还难受。"其实冷静下来仔细一想自己刚才的态度，自己都会觉得可笑，然而说出去的话覆水难收，只能看着人际关系变得越来越糟。乱发脾气就是一种损人不利己的行为，是拿别人的错误来惩罚所有人。

为了表明自己不好欺负，在被冒犯的时候，就一定要以很拽的方式怼回去，拒绝"马善被人骑，人善被人欺"。然而对方也不想当善马被人骑，于是冲突愈发激烈，最后两败俱伤。只有将目光放在自己身上，才能不受对方影响，不乱发脾气，成为情绪的主人。

有一次，台湾作家李敖的老师殷海光忽然想到某个政敌的行径，不由怒火万丈，气得饭都吃不下。后来殷海光不幸得了胃癌，只活了49岁，心情郁闷是诱发胃癌的重要原因之一，而他的政敌却活到了89岁。

李敖从老师的经历中得到教训："无论生活中遇到任何事情都不生气，我跟你逗着玩，我赢你，活过你。"不过李敖"不生气"的境界比不上宿敌余光中，一向号称不生气的他常在各种场合痛骂余光中。

有人问余光中："李敖天天找碴骂你，你为什么从不回应？"余光中回答："天天骂我，说明他的生活不能没有我；而我不搭理，证明我的生活可以没有他。"他不仅不生气，还能幽默对待。

面对指责辱骂，选择坦然接受，并用它强化内心，这并不是懦弱无能，恰恰是修养高深的体现。一个人生气时，最能看出他的修养。但是"有修养不代表没脾气"，美国著名心理医生派克说过："在这个复杂多变的世界里，要想人生顺遂，我们一定要学会生气。我们要学会用不同的方式，恰当地表达自己愤怒的情绪，有时候需要委婉，有时候需要直接，有时候需要心平气和，有时候不妨火冒三丈。"学会生气，不做情绪的奴隶才是最好的修养。

很多事根本不值得发脾气，可有人就"理直气壮"地愤怒到了不讲理的地步。比如重庆公交车坠江事件，究其原因不过是坐过了站，最后却导致车上的人坠江而亡。有时发脾气的人就像一个"巨婴"，心情不顺就肆意发泄，严重影响了事情的走向和结果。

生气源自内心欲望的不满足,由于人性中难免会有欲望,所以"不生气"很难。即使做不到"不生气",至少也要做到有修养地发脾气。

生活中我们可能常会被人误解,这时不必和对方争个高低,如果你是对的,没必要发脾气;如果你是错的,没资格发脾气。沉默是金,大度为怀,自己心中有数就行。盯着他人过错不放很容易激起对方不满,不如借此审视一下自己,免得以后也犯自己曾讨厌过的错误。

面对挫折,生气会迷失心智,在逆境里心平气和就是胜利。自己跟自己过不去,反倒正中别人下怀,稳定心智才能看明白利害得失。

发脾气解决不了问题,还可能制造更大的麻烦,不如提升自己的人格修养,让情绪为我所用,在灿烂一笑之中创造美好人生。

永远不要用你的任性去伤害爱你的人

"任性"这个词变得异常火热,各种像"有钱,任性"一类的流行语在网络上刮起了"大风"。那么从情绪的角度来说,究竟什么是"任性"?为了满足自己的欲望,无所顾忌,恣意放纵,随自己性子想怎么来就怎么来,这就是任性。

一个人任性起来的时候,大脑被负面情绪占领,判断力下降,最后可能会伤到身边的人。如果此时能控制住自己的任性,恢复冷静,就能减少很多伤害。

网上曾经流行过这么一个小视频:新郎与新娘结婚那天,新娘临时要新郎拿出十万块买车钱,如果拿不出来,今天这婚就不结了,而且态度十分坚定。闺蜜们也都在一旁起哄:"你不是爱她吗?拿十万块钱怎么了?"新郎被逼得实在下不来台,只得委屈道:"实在是拿不出来了,要不我先欠着,结婚后我肯定会把车买了。"男主"贫穷"的回答让新娘在闺蜜面前丢了面子,开始大骂新郎是"废物",还一直嚷嚷着今天这婚不结了。

好不容易把新娘接到男方家，新娘子又要五万下车礼钱，而且喊着闹着今天必须拿到这五万块，不然绝不下车。看到新娘这么闹腾，新郎的心都凉透了，他马上决定取消婚礼，与新娘划清界限。

看到新郎"发狠"，新娘还说风凉话："他有什么本事我还不知道？他从来都让着我，看他现在神气，一会就得乖乖求我下车。"当得知新郎真铁了心的时候，她慌了，开始哭诉哀求，但为时已晚。

当很多次使性子、闹脾气都被身边的人包容以后，我们就会把这种忍让当作理所当然，变得越发放纵：因为他们爱我，就必须哄我宠我，还离不开我。我们被爱的蜜糖包围，却忽略了那些施爱者的内心世界，他们是否被恶言恶语伤害？是否因为我们的任性而忍无可忍？

每个人的忍耐都有限度，没人能无限忍受别人莫名的小情绪，不加收敛的任性会让身边的人饱受伤害。当他们真的心寒了，离开了，你开始慌了，同时还觉得委屈。你坚信自己是受害者，自己的任性都是无心之举。真的失去之后，你可能会后悔当初的所作所为，可时间不会重来。

道理你我都明白，那么在以后的日子里，收收小任性，用你最好的情绪去珍视最爱自己的人。

若雪刚刚大学毕业，她和好多年轻人一样，选择到大城市发展。上班的前几个月，一个男生经常在工作上帮助她。渐渐地，两人擦出了爱情的火花，开始憧憬以后的幸福生活。

若雪回家时，满心欢喜地将恋情告知了父母，然而却遭到了家人强烈的反对。双方的家乡离得实在是太远了，家里人当然不同意，怕她嫁过去会受委屈。但是若雪一意孤行，就认定这个男生，除了他谁都不嫁。

"你不分手，你就滚出这个家门，以后也别再回来。"爸爸怒喊。年轻气盛的若雪也任性起来："不回来就不回来，反正你们要活生生拆散闺女的幸福。"第二天她就头也不回地离开家，回到了恋人身边。

两个人在一起久了，问题就接连暴露了出来，生活习惯差异、三观不合……两人开始三天两头地吵架，男生说："以后结婚了，你就得嫁鸡随鸡嫁狗随狗，你得适应我的一切。"若雪突然就想起了父母的话："嫁那么远，你会受委屈的。"不久之后，两人分手了。

若雪提着行李箱站在家门口喊着："爸妈，我回来了。"看着父母红肿的双眼，她从未觉得如此愧疚，她用任性伤害了最爱自己的人。

可怜天下父母心。尽管父母知道你的要求不合理，却还是会强忍着痛苦满足你。因为爱，他们选择了包容和忍让；即使你再骄纵，他们也不会选择离开，这世上没有人比他们更爱你。

一点儿小小的任性，在某些时刻确实可以让情绪得到缓解，或许也给生活添加了些许情趣。女孩子身上有些小任性可能会让人觉得特别可爱，甚至是吸引异性的大杀器。但任性要适可而止，一定要把握好度。如果超出了一定范围，等待你的就不会是好结果。

心里要时刻定好"小闹钟"，一旦到了任性的临界点，就要提醒自己，注意说话方式和动作，不要惹人厌烦。自己压制不住任性时，可以转移注意力，比如刷刷剧、整理一下家务、外出做公益活动等。当任性的劲头过去之后，再回过头来反省自己，任性产生的原因是什么。如果真因任性伤害了他人，一定要及时道歉止损。

少点自私任性，千万别等到任性得让亲人和爱人离开才知道后悔。与其被自责和愧疚折磨，不如在拥有的时候好好珍惜。

学会表达情绪,就能提升亲密关系

亲密关系不只是狭隘的男女关系或亲人关系,朋友和同事之间也可以建立比较亲密的关系。拥有亲密关系的人大都比较健康、幸福。在这种关系里,持续的、稳定的情绪交流是最为重要的一个因素。

回想一下,情绪问题里占比最高的一定是亲密关系之间的问题,比如在伴侣关系中,你往往更容易感到幸福和苦恼。另一方面,情绪也能对亲密关系造成很大影响。所以,情绪表达就成为亲密关系发展的关键。

薛悦昨晚跟男朋友看电影,她穿了一件薄短袖,夜里还是有些冷。薛悦不断抱着胳膊向男友暗示,穿着两层外衣的直男男友却无动于衷,薛悦心中开始窝火。

到了电影院,看着男友自顾自吃着买来的小零食,薛悦来情绪了:"以前你特别担心我着凉,天一冷就马上脱衣服给我,现在一点儿都不关心我。"她越说情绪越猛烈。男友见状,微微一笑,从身后拿出一盒热牛奶,并且把身上的外套递给她,还做了一个"嘘"的手势:"早就准备好了呢。"

薛悦瞬间心软:"你摸摸我的手,是不是冰冷的,还假装什么都不管。"强硬的语气中泛滥着歉意和欢喜。

毁掉亲密关系的从来不是个人的行为表现,而是内心的愤怒表达。两人相互理解,就不会有矛盾。控制情绪的核心是表达情绪,话虽然好说,但是多数人在情绪来的那一刻,就管不了那么多了,只想痛痛快快宣泄出去。

敞开心扉表达自己情绪的人,给了我们可以跟他们亲密的机会,可不当的情绪表达,会伤害身边最亲近的人。能够理解别人的情绪且正确表达自己的情绪是个了不起的能力。这个能力的建立分两步:第一步,认识情绪。在一段亲密关系中,要客观识别自己和他人没有表达出来的情绪,如此,才能选择合适的行为表达方式,不让人反感。第二步,牢记表达情绪,不是情绪表达。

电影《教父》中,教父的大儿子桑尼特别聪明,但也特别容易情绪化。教父遇刺引起黑手党间的火拼,而桑尼是教父重要的继承人,对手为了除掉他,设计一出暴打妹妹的闹剧引桑尼出洞。

桑尼听到妹妹遭遇暴力的消息之后惊怒万分,立马赶去妹妹家,在路上遇刺身亡。而三儿子麦克遇事沉着稳重,在教父住院时,他冷静地装作守卫,阻止暗杀,救了教父。

有时候,情绪在亲密关系中扮演着杀手的角色,但是人们往往会忽略这股力量,为什么呢?因为情绪表现出的喜怒哀乐,是亲密关系中的调味剂,在一定程度上满足了彼此之间更亲密的关系需求。亲密关系对我们越来越重要，但是不懂得表达情绪的正确方式也让我们面临着更多情绪问题。

这么多问题的存在说明很多人没有正确照顾好自己的情绪。如今社会的快速发展，带来的是快餐文化，表达情绪的方式已经不在我们自己手中掌握。好像大家都在着急，我们在本该笑闹的年纪却过早承受了岁月的风霜，我们很难被世人包容。因为还没遇见真爱、没有在"该"结婚的时候成家，我们便被贴上了大龄剩男剩女的标签；因为着急，"路怒症"越来越常见。情绪在空气中涌动，我们不知不觉就会受到影响。感情越深厚的朋友，就越容易在彼此情绪的波动中被动地表达情绪。

表情情绪的过程中经常会受到困扰："我不知道如何表达。"有人一直担心别人怎么看待自己，也有人完全不顾及别人的看法。如果每天只吸进去情绪憋着，整个人的状态就会变得岌岌可危，因为表达情绪是帮助我们建立对自己、对他人认知的基本方式。

"为什么正确表达情绪这么难？"这源于我们国家自古以来的文化传统。"男儿有泪不轻弹""多说无益"等"标准"要求我们坚强，但情绪一直在心里憋着。成年后，我们习惯性地回避情绪表达，视表达情绪为人格软弱的体现，甚至会因不能识别和描述情绪而产生述情障碍，这在亲密关系中表现得尤为明显。

在亲密关系中反应过度，为微不足道的小事争吵，这都源于未能如实表达自己的情绪。那么如何处理亲密关系所激发出来的情绪？

首先，要掌握与人沟通的能力，明确表达自己的情绪需求。似乎每个人都以为自己会表达，事实上人在最坦诚的时候，也只是表达了一部分情绪，因为总有无法被人接受的情绪在里面。

然后，采用非暴力沟通的方式。沟通的诉求是明确对方的行为表现、自己的内心感受和对对方的行为期望。人和人之间是不一样的，尽可能做到情绪分析具体化，找出适合自己的沟通方式。

最后，学会体谅，学会乐观面对未来。通过与对方互动，以达到包容和谅解的目的，避免不良情绪影响自身。亲密关系中的情绪问题，往往源于对未来不确定性的恐惧，其中夹杂着焦虑、悔恨、无奈等情绪，然后在一个时机放大到朋友和亲人身上。

听从内心真实声音的同时，要通过正确表达情绪来找到最想要的自己，进而更好地掌控生活。

没有过多猜疑，就不会有自我烦恼

猜疑是在人际交往中，对他人的言行敏感、多疑，用自己的思维去肆意揣度，并且将臆想的信息进行自我牵连。每个人都会猜疑，而且猜疑引发消极情绪的情况占大多数。比如生活中，老公这么晚还不回家，是不是在和别人约会？实际上他陪领导喝酒喝到吐；昨天情人节发红包表白，到今天红包不收，信息不回，这是拒绝我了吗？实际上她的手机丢了。

没有人会随便猜疑别人，猜疑之前肯定会为对方找各种理由，想以此来遏制猜疑的欲望，可是面对现实的落差以及好奇心的驱使，这些理由的力道远远不够。然后，我们在猜疑中臆造出各种可能的情形，给自己带上消极的帽子，一番挣扎之后，真相是：你想多了。

《三国演义》中，曹操刺杀董卓失败后被通缉，逃到了吕伯奢家。吕伯奢看到曹操很高兴，便出门买酒，走之前交代下人磨刀杀猪。

曹操在屋子里听到吕伯奢说"缚而杀之"，又见院子里有人霍霍磨刀，加之吕伯奢买酒许久未归，肯定是报官去了。

曹操疑心对方要杀自己，于是不问青红皂白杀了吕伯奢全家老小。出逃路上，偶遇买酒归来的吕伯奢，曹操得知下人磨刀是为了杀猪来款待自己，自己却因为猜疑误杀了吕家上下。曹操羞愧之时，又担心吕伯奢看到家中景象会报官，顺手将吕伯奢也杀掉了。

曹操擅自揣度吕伯奢言行，在猜疑心的作用下认为对方要对自己不利，故在情绪失控中怒杀无辜。猜疑确实是一种坏情绪，让人与人之间失去了信任，可另一方面，猜疑本身没有错误，趋利避害乃人之常情，因为害怕受到伤害，才会疑心别人言行。

猜疑的起因是"害怕失去"和"自我形象维护"。皇帝怀疑臣子不忠，到底忠不忠，臣子心里有数，但是不要妄想皇帝会舍弃面子屈尊查问，这就是"君要臣死，臣不得不死"。

在生活中保持猜疑，可以适当规避骗局和陷阱，可若不分事件，猜疑不断，人际关系就会出现危机。尤其是现代社会，物欲横流、金钱至上，导致很多伙伴在猜疑中进行合作，卷着投资方资金跑路的案子屡见不鲜。

居高不下的离婚率中又有多少猜疑呢？一定不在少数。如今网络已经成为大家交友和宣泄私人情感的新天地，其中滋生了大量猜疑的萌芽，而猜疑在恋爱、婚姻等异性关系中有着致命的杀伤力。当婚姻中的一方心理上产生"我不是他的唯一"想法时，猜疑便会相继而来，他做任何事情，你都会以猜疑的心态看待。猜疑是恋人之间的警钟，要明白只有给予对方充足的信任，爱情才会处于保鲜中。

著名电影演员达式常年轻时仪态翩翩，非常帅气，他塑造的众多艺术形象深受观众们的喜爱。年轻漂亮的姑娘纷纷向他表达爱慕之情，有的奉上美照，希望能够和他成为"朋友"。

此时达式常已经结婚了，为了维护与妻子的感情，他从来不看那些乱七八糟的信件，统统交给妻子处理。妻子也是个通情达理之人，从来不会去猜疑他，无端的猜疑只会给内心带来困扰，她常说："片子中该怎么演就怎么演，我相信你！"

不能因为过度猜疑而破坏了人与人之间的可贵信任，但若强忍猜疑之心，消极情绪就会在心中积累，总有爆发的那天。因此我们要从自我出发，积极改变猜疑心理。

习惯性猜疑时，暗示自己停止胡思乱想。"他是不是对我有意见？会不会把我开除？"习惯猜疑的人总是用消极的想法看待问题。因此，我们要多改变对事件的看法，及时在猜疑面前"刹车"，给自己积极的心理暗示。

猜疑会让人的消极情绪无中生有。因此寻求一种适当的宣泄方式十分重要，最好的方法就是放下所谓的架子和被猜疑人正面交流一下。猜疑心重的人，往往心眼都比较小，平时要多多加强自己宽容的处事原则，少了斤斤计较，自然不会去乱猜疑。

但猜疑是一种反复发作的毛病，所以当每次"犯病"时，可以采取一些温柔的做法来提醒自己，比如捏捏脸，轻轻给自己一个耳光，然后内省："又犯病了啊。"听到相关的风吹草动，首要任务就是求证,不能别人说风就下雨。

  我们要时刻提醒自己是否多了一些不必要的猜疑,用正直的心辨别污浊,享受简单幸福的生活。

信任，是所有关系中的黏合剂

　　信任是与合作双方利益相关的依赖关系，涉及利益时往往显得异常珍贵，因为心灵上的公约逃不过人性的贪婪。生活中，每个人都有被欺骗或欺骗别人的经历，如果是有预谋的恶意欺骗，会严重影响自身信任额度，让人心生厌恶，错失再次合作的机会。

　　信任关系非常重要，但又非常脆弱，在一段关系中，信任就像黏合剂，缺少了它，兄弟反目、朋友结仇、恋人分手。但也不至于整日心惊胆战地思考身边谁不可信，有句话叫"日久见人心"，不讲信用的人是不会在脸上写出来的，共事之后才知道。

　　李燕在路边遇到了一个跪地乞讨的小姑娘，小姑娘身前的纸张上写着求助信息——身无分文，想要买一张回家的车票。

　　来往的人都没有要捐钱的打算，她起初也很犹豫，毕竟这年头骗子太多了，但是想了想，还是给了姑娘钱，并且冒着被骗也甘心的想法告诉姑娘："你这要是真的，就当我做好事了；你要是假的，这钱我也不要了。"

李燕说完转身就要离开，结果姑娘拉着她，让她留下联系方式，说回家后一定还钱。这事就这么过去了，李燕早就忘了个干净。几个月后，她突然收到一封来信，信封上的寄信人不认识，但是信上确实是自家的地址，打开信封，她笑着明白了一切。

地铁口、天桥上、火车站等地方充斥着大量乞讨者，其中不乏真的没有劳动能力以乞讨为生的人，但更多的是专业乞讨团伙。他们利用人们的信任和同情心，一人给一块钱，月入轻松过万。

为什么如今社会各个群体中都存在不同程度的信任危机？试想天天处在"狼来了"的故事中，曾经的信任被辜负之后，我们还能够再轻易相信吗？人可以发泄付出的信任被辜负的愤怒情绪，但不要把信任一棒子打死，不管怎样都要保持善意，要知道世上还是可信之人更多一些。

取得别人的信任比相信一个人难，维护信任比建立信任难。信任的建立发生在此时此刻，可是人会变，环境会变，能够打破信任的不可控因素太多，伤自己最深的人往往是身边最信任的人。

二战期间，一支部队在森林中激战之后，两名士兵与部队失去了联系，他们来自同一个小镇，彼此信任，在战斗中经常互相照顾。他们在森林中艰难跋涉，然而十多天过去了，仍未找到部队。他们依靠着打猎得来的鹿肉又度过几日，仅剩的一点儿鹿肉背在年龄较小的士兵身上。

一天，两人巧妙地避开了森林中的敌人，本以为已经安全了，走在前面的年轻士兵却突然中了一枪，幸运的是仅仅肩膀受了伤。后面的战友赶紧跑过来,在惶恐与害怕中抱着伙伴痛哭不止。

三十年后,受伤的士兵说:"我知道是他开的那一枪,他抱住我的时候,我碰到发热的枪管,我知道他想独自占有鹿肉,这三十年来,我从不提及此事。他曾经请求我的原谅,我没有让他说下去,我们又做了二十多年朋友。"

浮夸的世界里最难得的是"信任",最伤人的也是"信任"。如果觉得别人不可信,那么是时候先审问自己有没有做违心事,不要拿着别人送的信任之枪在背后杀了他。当失去最后一次被信任的机会时,即使你伤害的那人表面云淡风轻,心里也永远都会留下烙印。

史蒂芬·柯维提出"情感账户"的概念,即在双方交流的情感账户里,彼此信任度的增加在于任何向该账户"存款"的行为,而任何向该账户"取款"的行为都会损害彼此信任度,影响信任的两个关键是存款和取款。

请珍惜别人的信任,不要轻易辜负真心。生活不会一直让小人侥幸,时间会冲刷一切,让你看清谁是真心谁是假意。信任别人或是取得别人信任,都是以感情利益为基础,在生活中一定要去信任真正值得信任的人。

怎样信任别人,又该怎样取得别人的信任呢?信任是内心的情绪感受,因此建立信任的关键是围绕着感受做文章。比如明星会为了粉丝的感受树立人设,而当某明星出轨,好男人的人设崩塌时,好多女性会说:"哎呀,他怎么也出轨了,真是太失望了。"

建立信任关系时,首先得有共同经历,信任取决于人品,而共事时最能凸显一个人的品质。如果想要了解一个人,不要表面上问他如何如何,要在实际处事中去感觉。而且通过同舟共济的方式建立起的信任关系是最牢固的。比如特种兵轮流数秒接力手榴弹,最后一名队员把手榴弹扔到泥潭中,然后大家一起卧倒,他们能够把生命交付到队友手中,真正做到了彼此信任,同生共死。

不要轻易许诺,否则就要说到做到;要敢作敢当,不要逃避和推卸责任。这样才会受到别人的尊重和信任,这也是别人判断是否与我们交往的重要指标。保持头脑冷静,不要因信任危机而情绪失控,一个拥有良好情绪的人才能获取别人的信任。

信任是人际关系的基石,在各种关系中多一些信任与沟通,少一些猜忌与怀疑,一定可以打造出一个完美人生。

修炼情绪,从来不靠"忍"功

"忍一时风平浪静,退一步海阔天空。"这句话被很多人奉为至理名言。历史上通过一时隐忍而最后成功的案例比比皆是:越王勾践卧薪尝胆,忍受亡国的屈辱和仇恨,最终"三千越甲可吞吴";韩信忍受胯下之辱,后来成为大将军。这里的忍是"小不忍,则乱大谋",忍受了愤怒、忧伤,才不至于采取极端轻率的做法。

现在"打不还手,骂不还口"的好先生形象一度被奉为高情商的表现,但是一味地压抑、忍让负面情绪,只会让自己忍出内伤。修炼情绪,从来不是靠"忍"。

苏雯雯最近很不开心,似乎小领导总是找理由挑她毛病。事情的起因是小领导出差的时候,多开了几千块的发票,然后找苏雯雯报销,但是苏雯雯严格按照公司规章制度做事,就是不给他报,梁子就这么结下了。

"苏雯雯,你这个报表有问题啊,拿回去重新做。""苏雯雯你态度不端正。"从那天以后,小领导总是以各种理由打压她,目的只有一个：赶她走。

开始的时候，苏雯雯还因为自己之前的不近人情而愧疚，觉得他为难自己一两次就算了。可谁知他竟变本加厉，没完没了地找事。

终于有一天，再次受打压的苏雯雯忍不了了，她当着全公司员工的面，把这件事闹到了大老板那里。"大不了走人！"反正她是不想忍了，就是想把小领导的丑恶嘴脸揭示给大家。这一闹，大老板却没有让她走，反而开除了小领导，让苏雯雯接替他的位置。

忍无可忍就无须再忍，忍着坏情绪，把好脾气都给了陌生人，人家可不一定领情。当忍让换来的是几次三番的欺凌，那就不要再做老好人，我们又不是忍者神龟。大家都是第一次做人，凭什么我要受你欺负？要知道每一次的忍让都意味着情绪受到一次压抑的重伤。

克制情绪的关键并不是一味忍让，有些负面情绪该发泄就发泄，否则会给对方留下"好欺负"的印象。

适当发泄可以避免不公平带来的伤害。比如职场中的设计成果经常会出现知识产权问题，如果忍让别人盗取成果，自己心里憋屈不说，对方一定还会继续有侵权行为。此时就要敢于站出来和对方理论，即使维护不了自身权益，也要在发泄自己不满情绪的同时，好好警告一下对方，告诉他："我也不是那么好欺负的。"

忍别人也就算了，最怕的是还得在心里忍自己。大多数人口头上说着没事儿，但心里一万个不愿意，喊着什么"吃亏是福"，他们还真没有那么大的度量。这些假装肚量大的人，把消极情绪都憋在心里，长期压抑自己而得不到化解，轻则意志消沉，重则悲观厌世。

最近一段时间以来，陈凡时常感到头疼、情绪低落、记忆力差、胸口还一阵阵发闷。经过一系列的诊断治疗，他被确诊为抑郁症，这些不适症状都是抑郁症引起的。

消息传开之后，他身边的朋友们都觉得不可思议。在朋友眼中，陈凡一直都是一个乐观开朗的大老爷们儿，特别爱与人交流，怎么就得了抑郁症呢？

经过心理专家的了解，原来很久以前，陈凡在工厂做工的时候，在优秀工人的评比中落选了，这次落选直接让他在心中判定自己是无能之辈，家人的议论对他更是雪上加霜，从此，他越来越看不起自己了。长期忍受自己失败情绪的陈凡，在一些小事的折磨下，消耗了巨大的心理能量，这才引发了抑郁症。

很多情绪如果强压一下，虽然表面平复，实际上却没有化解，假以时日，坏的结果还会出现。"今日侮辱，来日必定百倍还之。"一时容忍是因为能够反抗的力量不够，只能暂时将负面情绪压抑下来，可是仇恨并没有一笔勾销，反而形成"冤冤相报何时了"的局面。即使没有想着报复，心中这根刺也会时不时痛一下，自己的人生充满了愤懑和痛苦。

将负面情绪压抑在心底是非常不理智的行为，同大禹治水"堵不如疏"的道理，保持良好情绪的关键在于排解消极情绪。人人都会说："道理都懂，但是做不到。"但真正做好情绪修炼其实并没有那么难。

我们要做一个拥有好脾气和好情绪的人，而非从不发脾气的老好人。如果因为别人的事情使自己长期处于郁闷情绪之中，并且没有其他更好的处理办法时，不如直截了当地做出回应。"是疖子就得出脓"，要敢于与他人摊牌，与自己和解，不再为难自己。想要一贯地压抑自己时，不妨剖析一下自己为什么会不开心，然后告诉自己负面情绪不需要掩盖，一切都没关系。

一方面不要强忍压抑，一方面还不能任意发脾气。要注意情绪的爆发方式，任何能够帮助我们调整情绪，且不影响他人的方式都是可取的，比如常用的运动、聊天、社交等。

很多人妄想靠着"忍"字修炼情绪，嘴上时刻挂着"佛系"二字，殊不知最后迎来的总是忍无可忍而酿成的大祸。修炼情绪的关键在于采用适当方法和情绪成为朋友，每个人的方法不尽相同，但是目的一致：让情绪成为生活的推力。

第八章

情绪稳定，
　内心才能真正和谐

知道自己要什么，在浮躁的世界里笃定前行

每一个睡不着的深夜，我们都在拷问自我："究竟想要什么？"这个问题不好回答，金钱？名声？地位？简单的生活？随着心灵越发浮躁，连我们自己都找不到最初的梦想，也许只有找到自己真正愿意为之付出努力的东西时，这个问题才会有答案。

韩怡婷已经在一家公司老老实实待了十年，这十年的时间里，除了工资上涨、职位提升，人生中的其他因素似乎都不容乐观。身边的朋友们一个个或自主创业做大做强，或顺应时代成了网络大咖，生活悠闲、收入可观。她彻底迷茫了，虽然很喜欢现在这份工作，但就是不想干了，是不是也该去折腾一下？

"那么你的打算是？"父亲听了她的想法，正色道。"不知道，不想干了，其他的细节还没想好，总之先辞职吧。"韩怡婷的眼神里充满了纠结。接着父亲问了她几个问题：这十年里你学到了什么？突出优势是什么？对下一份工作有什么具体计划？她哑口无言。

"我们那时候就为生活一件事，你们这一代年轻人啊，面对的诱

惑太多，所以什么都想要，还什么都没有，到头来把自己的心思也弄丢了。"父亲摇头笑道。

父亲的话，让韩怡婷想了一个晚上。"工作如同恋爱，当激情流逝，解决的方案不是分手，而是努力经营。"她忽然想起在某论坛看过的一句话。在没有明确的辞职后的目标之前，还是先把手里的工作干好。第二天，她还是热情满满地去上班了。

迷茫成了很多年轻人必然要面对的问题。"我想做网红、我想打职业游戏、我想出名"，这些现象的背后无非是对金钱利益的渴求。年轻人有追求是好事，但当某些想法脱离了现实时，不如过好当下，学好手头的绝活，在求生存的道路上慢慢探寻更丰富的生活。

在这以秒速更新信息的浮躁时代，我们总是行动太多太快，沉淀与思考的时间太少，心就很容易迷失。一味前行可能会偏离最初的轨道，走着走着就找不到自己了。过去的你知道现在自己在做什么吗？现在的你清楚几年以后的你在哪里吗？慢下来，花时间思考一下走过的路，找找自己的本心吧。

几年前，一封"世界那么大，我想去看看"的辞职信火了，这封信之所以受到了广泛关注，是因为它倾吐了很多人的心声。我们一方面想跳出体制绽放自由，一方面又怕没了铁饭碗。人都是这样迷失：贪图安逸的同时死抓束缚，束缚已经放手，自己反倒不肯走了。说到底，不过是根本不知道自己想要什么。网上有句话说："一个人的成熟，在于知道自己要什么。"曾有新闻报道，名牌毕业的大学生放弃高薪，躲进终南山参禅悟道去了；某某夫妻专门住到乡间过田园生活；某音上不也有一大批徒步旅行的朋友嘛。很多人都觉得报道中的这些行为不可思议："还真有人能做到六根清净？有些大师估计都不清净。"他们能做到，是因为他们知道自己想要什么，而且敢主动去做。

我们常感浮躁，原因在于我们不知不觉中成了大环境棋局中的棋子，很容易被带跑节奏，一味盲目跟风。比如很多人明明看不懂美国科幻大片，却还是鬼使神差贡献了票房；平时也不见你购物败家，却一到某购物节日，就疯狂撒金。这些人都有一种思维模式："大家都做，我也跟着做。"还有最近盛行的读书无用论、一夜暴富论、炫富等，都是浮躁风的体现。

最近朋友圈开始整治"打卡"现象。打卡本来是为了克服拖延症，实现自我超越，人们却在打卡中忘记了初衷。

于霜参加了多项打卡活动，从阅读写作到健身运动，还有多个自我提升课程的卡也要打。她把每天的日程安排得满满当当，到点必打卡。一段时间之后，她的文字功力取得了很大进步。可是同时一个不可忽略的问题出现了：打的卡太多了，自己被打卡模式绑架，每天在紧张兮兮的状态中度过，为了打卡而打卡。由于打卡限制，生活变得一团糟，最后只得选择放弃。

打卡的目的是督促自己上进，可是人们经常把它同心里模糊的伟大前途画上等号。精力有限，我们不去处理更紧急的事务，反而做着一些与事业和生活毫不相关的东西。别人的优秀把我们逼得发狂，于是还来不及思考，便在热情似火的推文下加入打卡大军，不管了，先打卡再说！

很少有普通人能勇敢踏出找寻自我的第一步，我们总觉得摆在面前的生活问题才是最先要解决的，可这一解决就用了一辈了时间，也许是梦想的火苗还没有强大到让人们义无反顾。大多数人选择先找一份不喜欢的工作维持生活，然后在不喜欢的工作中毫无建树，最后自己也越来越迷失，只能安慰自己除了诗和远方，还有眼前的苟且。

歌曲《老男孩》中有句歌词："未曾绽放就要枯萎吗？我有过梦想。"无论从事什么行业，夜深人静时都要问问内心，真正喜欢现在的生活吗？即使现在不能完全放下一切世俗，最起码也要找回曾经的自己，在风向众多的年代里笃定前行。

别让多余思想影响了你的决定

市场上曾出现一种文化衫,上面写着"别理我,烦着呢"。有些人虽然不好意思承认,但谁都有心烦意乱的时候。这种烦躁的心态会让人不知所从、苦恼惆怅。要想摆脱烦恼,唯有心无杂念。心无杂念的人活得清静、活得纯真,每一天都过得有滋有味、兴致勃勃。

心无杂念的人不纠结于小事。有个摆渡人每天要渡很多人过河,一天,他把船推下水时压死了岸边的螃蟹,一个小和尚看到了这一细节。

小和尚扭头对师父说:"师父,您看他压死了螃蟹。"师父却指一指船说:"你看,船下水了。"小和尚不解地问:"师父,我在说螃蟹死了,您怎么说船呢?"师父说:"船可以渡人。"小和尚摸了摸脑袋,还是不解。

师父说:"船夫推船是为了渡人,心里没有杀意,这纯属无心之过,而你在意螃蟹岂不是自添烦恼?"小和尚似懂非懂地说:"烦恼由心起，凡境皆心造。"

可有时不是烦恼招惹我们，而是我们自己招惹烦恼。比如有的人旅游时注重的不是旅游本身，而是拍照片发朋友圈来炫耀自己，如果没人点赞，或者有人评论比较刻薄，内心就会烦恼。又如有的人工作不是为了工作本身，而是希望得到别人的好评，如果没人给予肯定，内心就会无比失落。

生活就像旅游，如果我们注重的不是享受这个过程，而是想从中得到什么的时候，就会忘记本来目的，给自己徒增烦恼，即使是快乐的事情也会使人无比煎熬。

所以说，摒弃心中的杂念，将全部精神都灌注到所做的事情上来，就可以全心全意地绽放自己。要摒弃心中杂念，就要放下执着。就像品茶，要全神贯注到茶中，忘记烦扰，忘记牵挂，活在当下，才能品出茶中的清欢。

活在当下最为可贵。活在当下，就是专注于当下的事，不带功利心地认真做好正在做的每一件事。活在当下，就不要胡思乱想，就不要慌慌张张，这样才能把一件事做好。就像是切菜，如果还想着孩子是不是快放学了，汽车门是不是没锁，就可能会切了手。

"活在当下"听起来容易，做起来并不简单，有些人会无缘无故地把简单的事情复杂化，从而让杂念一直缠着自己。

有一胖一瘦两个书生结伴上京赶考，路过一片树林时，有一只鸟死在他们脚下，两人开始都被吓了一跳，可胖书生只是看了一眼，又继续往前走，而瘦书生心里咯噔一下，想道："鸟落在地上，这不是暗示'落第'吗？这可完了，怎么碰到这倒霉事，考试肯定不顺利啊！这次考不好还要等三年啊。"胖书生转身一看那瘦书生正犹豫着不肯走，就劝他赶紧前行。瘦书生一路低沉来到京城，一连几天都不出房门，胖书生以为他在闭门苦读。一转眼就该考试了，胖书生兴致勃勃地走进考场，文思泉涌，最后一举高中；瘦书生丢了魂似的最后才走进考场，考试时还想着"落第"，最后胡乱涂鸦，无缘金榜。

很多人并不想自寻烦恼，但是又无法排除杂念。这时，就要记住以下几种远离杂念的方法：

第一，保持微笑，深呼吸。研究表明，面部微笑会影响情绪，会让脑海里回想愉快的事，心情愉快才能有动力。而深呼吸有平心静气的效果，杂念来了，不断深呼吸就可以将自己的注意力都集中到呼吸上来，从而远离杂念。

第二，将杂念写下来。人一闲来无事就可能想一些杂七杂八的事情，这时不妨找一张纸，把想法写出来，就能让思想集中在"写"上。把杂念写出来，就像是把打气筒中的空气挤了出来，从而放空自己的心。

第三，清理房间。清理房间看似和内心没有太大关系，但是人们发现，在清理到一定时间后，自己的烦恼就会逐渐减少。看到整齐的房间、干净的家具、通透的玻璃，人们的内心就会升起一种愉悦感。

第四，分析关键。美酒清透，不是酿造时不染纤尘，而是最后过滤了杂质；内心明澈，不是阻止杂念渗透进来，而是要明白取舍。就像是归置东西,要思考每个东西应该放在什么位置,清除杂念也是一样的道理。心中有杂七杂八的事情时,要分析什么事情是当下最重要的,可以列个清单,专注于最重要的事,就能远离烦恼。

内心越平和的人，越容易获得成功

何谓内心平和？内心平和就是不急躁、不忘形、不慌张、不悲观。内心平和的人往往能够坦然面对生活的起起落落，往往心如止水、中庸谦和、通透豁达、坚强乐观，就像季羡林先生所说的那样："人活着，最重要的是想得开。"

季羡林回忆往事时说："世态炎凉，古今如此。任何一个人，包括我自己在内，以及任何一个生物，从本能上看，总是趋吉避凶。"他在一本书中写道："在那段浩劫岁月里，因为敢于仗义执言，几乎把老命赔上。那时，任何一个戴红箍的学生和教员，都可以随意对我进行辱骂和殴打，我这样一位手无缚鸡之力的老人，被打得一佛出世，二佛升天，这种皮肉上痛苦给心灵带来的摧残终生难忘。"

遭此祸殃，人本已不幸，而更大的打击是旧交都跟他断绝了来往，生怕无端受到牵连。但他把这些事都想开了，他说："我不怪罪任何人，包括把我打进牛棚，让我受尽折磨的人。我常想，假如我处在别人的地位上，我的行动不见得会比别人好。"

情绪是本能，保持心态平和是本事，平常心才能看淡悲喜。内心平和的人都明白一个道理：做人不可锐，成功不可骄，位高不可暴。有些人体弱多病却神情舒展平和；有些人提起苦难淡然一笑；有些人的成就被人称赞，轻松地报以微笑；有些人身处高位，却依然和下属互开玩笑。而另一些人随便决定他人前途，怀恨报复，不知不觉中断了自己后路。

心态平和的人大多豁达开朗，沉着若定。没有平和心的人面对纷纭世事，内心一定"兵荒马乱"，活着活着就把握不住前进的方向盘。要知道生活中的"违章罚款"不是因为道路泥泞，而是因为心态。也许生活不温柔，也许世事变迁让我们失去了很多东西，但不慌不忙、从容坦然、笑对花开花落的人才能在纷扰尘世中呈现静气。

李国威在担任通用电气（中国）公关传播总监时，曾遇到了一件让人心焦的事。

有一次他带领记者到某国参加车展，下了飞机，所有人都疲惫不堪，而且记者有语言障碍，无法立即写稿，但是主编要求尽快赶稿，当天就要发表，情况非常紧急。李国威担的责任最为重大，底下人的疲惫他看在眼里，有的人慌乱得快要哭了，但他稳住心态，想出个办法。

他让记者先去休息，并让他们估计一下写稿的时间，然后自己去参展。在参展过程中，他把行业趋势罗列出来，把重点标注出来。等参展完毕，记者也休息得差不多了，他就给记者讲重点，记者边听边写稿，就这样完成了任务。

紧急关头不要让情绪控制自己，而要稳住心态想办法解决问题。如果难题面前不能保持情绪稳定，再有经验都未必能采取正确措施。面对问题时愤怒、悲伤是人之常情，可一旦为情绪所困就没有机会翻盘，静下心来解决问题才是制胜之道。其实生活中本没有"一帆风顺"四个字，多的是波折与难题，如果一个人不能修炼自己的平和心，那么难题来临时就会被自己的情绪所淹没，何谈解决问题呢？

有人会说经历过大事的人才会内心平和，没有经历的普通人自然无法心如止水。那么，从现在起，就用心体验生活，学会坚强、学会体谅、学会关爱别人。

休假时可以参加集体徒步旅行，可以与他人一起攀岩，在这些过程中，要用心体会互助的愉快，体味克服艰难的喜悦，尝一尝通过坚持达到目标后的那种兴奋。这样在生活中就不会把压力看得太重，把人际关系看得太糟。

闲暇时可以看一本好书，到健身房健身，多与他人交流，让自己的心慢慢静下来，让生活中的浮躁赶紧离开。这样可以保持平和的心态继续生活，任庭前花开花落，不固执于事，不拒斥于人。

除此之外，还有以下几点：一是在平时做到自律，生活要有计划，把要做的事都整理清楚。每完成一件事都要记录自己的心得，完不成的任务如果实在太难，也不必强求。二是尊重别人。只有尊重别人，生活才会和谐。三是期望不要太高。对一件事期望过高，就会给自己太多压抑。四是要学会奖励自己。事情做成后，不妨奖励自己一顿大餐；事情没完成，但有进步、有收获，也可以奖励自己一双鞋、暗示可以走得更高、更远。五是要有知心朋友。孔子说:"友直,友谅,友多闻。"每个人都需要倾诉和陪伴,朋友可以帮你缓解情绪,有了朋友,也就有了温暖。

消除悲伤的最好方法，就是转移注意力

悲伤时很多人都会被巨大痛苦折磨，此时，缓解情绪最好的方法就是转移注意力。悲伤，当下来说是无法呼吸的痛，过去了就可以当成生命里的一抹风景，让我们更坚强、更理智，在下一次遇到同样的事情时更游刃有余。遇到难题不懂得取舍会让情绪割伤自己，转移注意力可以摆脱悲伤。

有网友讲述了自己的故事。她和初恋是在大学时认识的，恋爱三年，一直希望有一天能把爱情修成正果。初恋对她百般呵护，又懂浪漫，又肯花钱。她想赶紧结婚，但是由于还在上学，就想毕业了去领证。然而彩云易散，人心易变。毕业时，男生出去闯荡，而她希望男生陪在自己身边，两人最终还是分手了。

分手后，她常常胡思乱想，夜不成寐，甚至常在梦中哭醒。后来朋友和她聊了很久，建议她什么都不要想，有个生活目标，自己忙起来就能甩掉这种情绪。她听了之后决定考研，拼命看书复习，强迫自己睡觉时想着第二天的复习内容。刚开始时，她还无法平静，经常夜

里三点多才能睡着，第二天起来刷朋友圈，无法投入学习。后来她开始练瑜伽，等到心情平静下来再开始复习。渐渐地，她把注意力转移到了学习上面，生活也步入了正轨。

这位网友的恋爱经历和大多数人一样，当初的浓情蜜意换来的竟然是不断流血的伤口，自己的真心所爱留下的不是风景如画，却是天塌地陷。爱情进入坟墓是每个失恋者都会有的悲伤，而要告别这种万物凋零、时空错乱的感觉十分艰难，但是她做到了，她将自己的心思都倾注到了考研、瑜伽之中，从而抛却了失恋的烦恼。这就是转移注意力的作用。

有些人悲伤会沉迷游戏，染上酒瘾，这些都是用糟糕的方法来麻痹自己，采用这种方法的人很难戒掉恶习，更难走出阴霾。也有人悲伤时会到户外徒步旅行，也会上公园、爬山、听音乐、到没人的地方大吼几声，放空自己的心，不让自己胡思乱想，这样做能收到很好的疗伤效果。

然而有时候，听音乐、跑步等只能暂时将痛苦抛在身后，停下这些活动时，我们还会感受到痛苦一波一波地来回侵袭，所以，转移注意力也是要讲究方法的。

痛不欲生的时候，出去跑步、打球是最好的选择，因为这个时候情绪困扰很有可能让我们做出一些出格的事情，或者让我们陷入狂乱而无法自拔。研究表明，远离悲伤、恐惧、威胁，寻找安全感是人们的本能反应，但是悲伤就像是钉过钉子的木板，钉子拔掉了，它留下的孔却还在，所以跑步、打球等只是暂时消除悲伤的最好方法。

那么有没有长效的方法呢？有的。

跑步、打球、听音乐这些活动只是让肢体、器官运动起来，这些运动一旦停止，大脑就会想起之前的悲痛，所以长效的方法就是让大脑不停地运转，或者思考，或者学习，或者与人交流，或者做一些精细的工作。

比如悲伤暂时缓解后，可以记忆一些熟悉的事物，例如乘法口诀。因为这个时候情绪还在作怪，如果记忆一些较复杂、陌生的东西会让大脑产生排斥感，所以熟悉的东西是最好的选择。还可以做一些雕刻，临摹书法，画一些素描，因为这些工作需要投入注意力，可以让自己心外无物。这种方法短期没有什么效果，但若长期坚持下去，就能展现出独特的效果。

由以上所述，我们可以发现，转移注意力的方法有很多，但是有短期方法与长期方法，单独运用一种方法很难见到成效。所以说，悲伤时要综合运用多种方法，将短期方法与长期方法结合起来，以求收到更好的效果。

断舍离，让心情回归轻盈和安宁

我们有成千上万种理由在购物时代买买买。体验了短暂的购物快感和激情后，便很快陷入物品堆积如山的烦恼。客厅挤满了各种装饰品，衣柜快要撑爆，让人心烦意乱。

当居住空间被无用的东西占据，人心就会塞满垃圾情绪，心塞、抓狂。而断舍离可以使人脱离物品执念，让心情回归轻盈和愉悦。

一位读过《扫除力》的失恋女孩把衣橱中整理出的东西一口气丢掉，随着密不透风的衣橱恢复整洁，积郁的心情明快了许多。从字面上理解"断舍离"，断的是各种不需要、不合适、不舒服的物件。当空间被打通、简化，生活自然充满活力。

2016年，日剧《我的家里空无一物》风靡一时，主人公麻衣躺在空荡荡的公寓地板上，享受轻松时光。房间四壁空空，不同于其他人的拥挤不堪。她喜欢空空荡荡的房子，所以总是将各种物品控制在最低需要，平时会抓住一切机会收拾与整理。

剧中有一些亮眼的台词："大多数东西，有了会很好，没有也无妨。""扔了,犹豫的话总之就扔了。""不断地得到东西,所以不思考物品的价值。"麻衣将"断舍离"发挥到了极致。对她来说,不需要的东西就要果断扔掉。即使妈妈和外婆觉得扔了可惜,但麻衣依然锲而不舍地贯彻"扔"之道。

很多人不愿意丢掉没用的物品,两方面原因:第一,东西隐含着过去的幸福回忆,比如前男、女朋友的照片;第二,在未来可能会用到,比如囤积纸巾。两种做法都以物品为主角,需要考虑如何保管,而断舍离以自己为主角,只留当下合适、必需、实用的东西即可。

著名文学家哈罗德·布鲁姆曾经说过:"我快70岁了,不想读坏东西如同不想过坏日子,因为时间不允许。"生命有限,知识无限。庄子也曾说过:"吾生也有涯,而知也无涯。以有涯随无涯,殆已!"用有限的生命去追寻无限的知识,会深陷浮躁不安的旋涡,在自我苦恼中荒废时间,大脑也要及时"断舍离"。

卜玉雪曾经励志做个精于知识的文学家,她喜欢囤书,搬过几次家,书架上的书却始终没有丢过。在她的移动硬盘里还有上千G的电子书,按照一本电子书几百kb的大小来算,囤书量抵得上一个图书馆了。近几年来,随着知识付费潮流兴起,卜玉雪转而开始囤课。她在各大知识服务平台订阅了大量技能提升课,不管有没有用,看起来顺眼就订。书、课程囤了不少,可是她真正看进去、掌握的知识连1%都没有。

有一天她正躺着听一门美食课程,忽然觉得这门课没意思,对厨艺提升没一点儿帮助,进而联想到:"那么多的知识储存量似乎并没有什么用，纯粹浪费时间嘛。"

第二天一大早，她就把那几个大硬盘锁在了柜子里，书架上的书也全部打包捐给了贫困山区。忙完这些，卜玉雪长出一口气，一直以来堵在胸口的石头终于被搬走了。

回想一下这几年匆匆看过的书和课，大多没什么具体印象。因为知识的数量大大占据了思考空间，人心不免急躁。越急躁，学得越粗糙。

有人会问为什么"断舍离"越进行，剩下的东西反而越多呢？断舍离和一般的整理收纳存在很大区别，整理更多注重清洁、分类归置，断舍离不以收拾干净为目的，而是要通过收拾、舍弃的过程实现自我肯定感。

断舍离的间隔时间没有具体要求，可能每天都在执行，也可能半年或一年一次，要根据自身实际情况合理把握。

感性的人会对物品产生一定的感情，就像舍不得阿猫阿狗那样。因此断舍离的时候可以进行一个告别仪式，或者选择送给亲朋好友，这样在良心上也过得去。关于丢弃物品浪费的问题，可以选择捐献、赠送，或收拾整齐放在卫生区，清洁工可以将物品的效益发挥到最大化。

除了有形的物品，无形的东西也可以通过断舍离来处理。我们可能经常在深夜入睡前收到几年不联系的好友微信："在吗？帮我第一条朋友圈状态点个赞吧。"这种群发消息着实令人烦恼。在生意场的饭局上跟"张哥""李哥"套近乎、拉关系，真正到了需要人脉的时候,却谁都派不上用场。还有手机中未曾打开过的应用、通讯录几年不联系的号码,类似于这些无用的东西,我们可以果断屏蔽拉黑。

梭罗说:"我们每天努力忙碌,用力生活,却总在不知不觉间遗失什么。"我们在为生计奔波中产生了倦意,与其在闷闷不乐中过一天算一天,不如过上断舍离的简约生活,给自己更多自由,让心情回归宁静,用更多精力提升生活品质。

调整情绪，把危机转变为机遇

和人相处时，意外情况时有发生，处理好突发问题就能转危为安，处理不好就是事故现场，造成难以挽回的后果。沉着应对危机是每个人必备的能力，而丰富的经验和良好的习惯是沉着应对危机的必要条件。

汪涵的"黑色七分钟"就是个很好的例子。在《我是歌手》第三季总决赛直播现场，歌手孙楠在没有事先说明的情况下，突然宣布退赛，汪涵在现场不由得脸红、吃惊，知道自己"摊上事儿了"。但他依然头脑清晰，先问孙楠是不是拿定主意了，在得到明确答复后，他请导播准备几分钟广告备播，为领导和制作团队争取几分钟调整赛制的时间。

接下来，他暗示观众不要慌，他会处理这件事，而且不会耽误大家的时间。他还说："我还可以从各位期待的眼神当中读到你们对接下来每一位要上场的歌手，他们即将要演唱的歌曲的那一份期许。"这句话引导观众将目光聚焦在剩下的歌手身上。然后他再一一念出表情慌乱的歌手名字，让观众给予他们掌声，既稳定了歌手的情绪，又给了观众比赛还会照常进行的信息。最后，他将落脚点放在孙楠身上，也让观众给予孙楠掌声，赢得了很好的现场效果。

汪涵用极富技巧的话语巧妙化解了这次危机，然而对于普通人来说，很难做到像汪涵一样沉着应对，毕竟我们缺少专业训练和临场经验，在危机面前很多人都会手足无措、头脑空白，从而失去良机。

要想像汪涵一样临危不乱，就要在平时修炼"安定心"，面对突发情况，要对自己说："冷静，冷静。"经常性的暗示有利于自己在面对突发情况时第一时间想到镇定，只有镇定，才有奇招。

如果在危机面前太过紧张，可以深呼吸，试着让自己微笑。因为研究表明，深呼吸有助于血液循环，开阔胸腔，让紧张的肌肉松弛下来。而微笑会给心理一个正面反馈，会让脑海里浮现愉快的事情，这些都有助于消除紧张。

做到这些，还不足以立即应对突发情况。要知道有些情况下不可以迟疑，有时迟疑两三秒钟就会产生不一样的后果，这个时候可以借助肢体语言或几句话来做缓冲，给自己思考下一步对策留下余地。

在2007年《欢乐中国行》元旦特别节目中，现场节目表演完毕，距离零点却还有两分半钟。这个空当急需"救场"，导演安排节目主持人董卿赶紧临场发挥。

临危受命，董卿沉着自如地说着事先没有准备的台词，然而，耳麦里又传来导播的声音："不是两分半钟，只有一分半钟了。"董卿听后，又不慌不忙地开始说结束语。

但是，导播又更正说："不是一分半，还是两分半！"董卿依旧临危不乱，走到舞台两头给观众深深地鞠了两躬，然后调整了一下语句，即兴发挥，用"欢乐的笑""感动的泪""奔波的苦""收获的满足"让观众深受感染。

这就是经典的"金色三分钟"，董卿凭着自己的丰富经验，用肢体动作争取了必要的准备时间，化解了这次危机。

董卿这次完美救场，不仅源于丰富的经验技巧，还与心理素质有关。

提升心理素质的功课需做在平时，只有在平时多多练习，危机面前才能真正平静下来。首先，在体能方面要多加锻炼，长跑、瑜伽都能够增强血液循环，从而增强意志力。其次，平时要多学习、多总结，只有总结过去的经验，不断实践，才会有预判能力，才能在危机发生时做出正确的选择。最后，多收集各种信息，并将这些信息储存起来，发生同类危机时可以第一时间搜索出想要的答案。在此基础上打破思维定式，必然可以创造机遇，创造运气。

静下心来，专注一件事就是修行

专注是把注意力聚焦在正在做的事情上，对信息的接收速度接近于处理速度。一分一秒都不分神的专注是不存在的，每个人都有不专注的时刻，可怕的是长时间不专注。

社会发展为我们带来了优越的生活，可是人的内心却越来越焦虑。我们想要努力提高自己，就关注了很多公众号，利用碎片化的时间去学习很多东西。然而越努力越焦虑，学得越多，觉得自己差得越多，平静的内心也会莫名掀起阵阵波澜。其实一切都没有变，因为失去了专注的心态，才会不停焦虑。

辛姿决定利用空闲时间看看书，让自己充实起来，提升自己的知识储备和职场竞争力。休息日下午，她好不容易下定决心在书房里坐下，刚拿起书，手机就"滴滴滴"响了。

迅速回复完几条消息，还没有看十页内容，突然想洗个苹果，边吃边看。洗苹果时，一抬头发现电视里正在播放自己喜欢的偶像剧，男神在里面。

"今天任务是看书，可是看一会儿电视也没事。"辛姿自言自语，一瞬间就做出了决定。电视看完了，也该吃晚饭了。半天时间下来，她一页书也没看。

想静下心来工作时，总惦记着下班后的聚会；想要好好陪伴家人时，微信总是来消息。我们一边分着心，一边应付着差事。信息时代里，所有人都养成了一心多用的习惯。一心多用看似把所有事都做完了，但是一件也没做好，我们不会因为完成任务而充实，反而觉得在虚度生命。于是生活里出现了一种恶性循环：总有很多事在分散我们的注意力，精力不集中，时间被碎片化，我们想要改变迷茫和焦虑却又无所适从。

精力、独立思考能力总是被无穷的想法冲散和稀释，我们总是在环境的驱使下坚定方向，又失去方向，到头来竹篮打水一场空。迷茫的年轻人在一个岗位干了一段时间后觉得枯燥无味，便投奔于最热门、最赚钱的行业，以此循环，工作换了又换，好几年过去了，什么都懂点，但样样都做不好。这样的情况源于不专注，我们总埋怨选错职业，却忘了"三百六十行，行行出状元"。

有人问大珠慧海禅师："和尚修道用功吗？如何用功？"禅师回答说："用功，饿了吃饭，困了睡觉。"那人笑问："所有人不都是这样吗？难道都和大师一样在修行？"禅师回答："不同，他人吃饭时不肯专心吃饭，百种思索；睡觉时不肯专心睡觉，千般计较。专注于当下才是真正的修行。"

现在的人确实如此，吃饭时想着方案怎么做，睡觉时梦着会议上怎么说,我们这么用心工作,却换不回一丝喜悦,尽是抗拒与忧虑。专注是最好的修行,不必做完很多事来证明自己的能力,只需心无旁骛地做好一件事情,几乎所有的能力都能得到提升。

有位面包师手艺非凡,他能做出整个小镇最好吃的面包,但没人知道秘方是什么。一个年轻人前来拜师学艺,见识了师傅制作面包的全过程,并没有特别之处,但做出来的面包口味确实独特。

年轻人疑惑地问:"为什么你做的面包与众不同呢?"面包师说:"世间美食众多,我只擅长做面包。专注才会擅长,擅长了就会更专注。面包的制作方法相同,但是我专注于揉面力道、加水量、烘烤火候等每一环节,将所有环节发挥到极致。这些不起眼的差别让我获得了优势。"

年轻人明白了秘方不在表面,而在于专注地将擅长之事做到极致。后来,他终于也成了有名的面包师。

曾国藩说过:"凡人做一事,便须全副精神注在此一事,首尾不懈,不可见异思迁,做这样,想那样,坐这山,望那山。人而无恒,终身一无所成。"成就的关键就是专注于一点。

如果一个人能够在一个领域努力五年时间,至少他会在这一领域非常擅长。只是我们现在已经习惯了正事上不专注,而在无关紧要的事情上过于专注,手机响了我们赶紧拿起来看看,手机不响也会去看。如果把看手机的专注应用到工作中,一定能成为领域内的专家。

科学研究发现,强大的专注力可以有效管理生活,让人对生活充满热情。面对压力事件时注入专注力,就能从中获得乐趣,减压的同时提高效率。而且越是专注一件事情，对外界的抗干扰能力越强。

专注力的发挥有赖于大脑活性。持续工作一段时间，感知到大脑迟钝后，不妨让大脑休息片刻，阻止精神和情绪压力的积聚，恢复大脑活力。

记得一次只认真做一件事，行动前做好计划，避免精力的不合理分配而影响效率。还要牢记专注是深度思考，是深挖事物本质的动力，而不是盲目偏执。还不可忘记要尽可能培养对事物的兴趣，心甘情愿的专注比压抑情绪更有效果。

不要试图将各种事务一口气压缩处理，这只会给心理徒增压力，造成效率低下。不如专注做好每件事，维持平和的情绪状态，方能事半功倍。

不要急,世界不会辜负每一分努力

很多事从艰难开始到成功结束是一场持久战,不能把希望寄予一战成名,毕竟不如愿才是生活常态,当下没有起色,说明努力的火候还没有到。成功的人从不计较一时得失,总在努力向前走,咬着牙熬过艰难岁月,努力总不会白白浪费。

"同事发朋友圈说他家拆迁分了好几套房和一大笔钱。"在感叹的同时,你还得拖着疲惫的身躯挤一个小时公交,是不是很难受?"好不公平啊。"你哀叹完,开始发了疯地努力提升自己,寻找各种可以快速致富的方法,急于成为大富翁,最后却一败涂地,彻底丧失了生活希望。我们急于求成,却往往因为准备不足、心态急躁而事故重重,最终打击了自己。

孙建最近迷上了健身,每天晚上都要完成一百个腿部拉伸动作,平时都能够在规定的时间内很好地完成,而且锻炼初见成效。

前几天做动作时,他为了更快完成任务,用力过猛,拉伤了腿部肌肉,腿都抬不起来。于是,接下来几天,健身计划只能全部流产。

孙建后悔不已:"如果我不急于求成,按照正常速度完成任务,这个小意外就不会发生。"

"过程"是世间的铁律,从"十月怀胎,一朝分娩"的生命孕育,到一个项目的前期、后期,都需要一个时间过程。若非要拔苗助长,一切努力都将前功尽弃,得不偿失。

社会还是普通人的社会,"富豪爹"只有极少一部分。天赋不够,努力来凑。如今互联网时代里,大家对"努力"这个词语嗤之以鼻,自媒体暴富、网红捞金、明星效应等搞的人心浮动,人都跟疯了一般,急着钱钱钱,浮躁中掀起了一波大学生创业潮,最后结果几家欢喜万家愁。

一年前,付磊收到过一位刚毕业不久的员工辞职信,辞职的原因很简单:二十多岁了,薪水不尽人意,事业一无所成,想改变现状去做想做的事。

他从这个员工身上看到了自己当年的影子,一心急于求成,合伙创业却因欠缺经验而血本无归。他找到了这名员工,问了他几个问题:"离开之后准备做什么?创业规划、经验项目、投资方都准备好了吗?"员工支支吾吾地答:"没有。"

付磊把自己的经历告诉了员工,并将辞职信归还给他。第二天该员工表示会在公司继续干下去。一年后,他已经小有所成,职位多次提升,每次遇到付磊他都百般感谢当初的"不杀之恩"。

《玉子市场》里有一句话:"年轻人总是急于求成,就连等待一匙砂糖彻底溶解的耐心也没有,后悔所带来的苦涩,恰好印证了你曾经有所作为，这一点一滴都将成为点缀人生的各种味道。"谁都羡慕那些风光无限之人，然后立下宏图大志，誓要在某时成为这样的人。可立志也得根据自身实际情况，否则就是信口开河。没有背景，没有拿得出手的本事，那么做好当下才是最明智的选择。野心永远搭配着才华，急于求成，则不成。

"二十多岁的我，依旧一无所成，该怎么办？求高手支着。"这是某网站上的一条求助，下面的回答多是奇葩：当上门女婿、卖身、搬砖等。其中有一条回答显得十分不合群："你二十多岁，还很年轻，正是拼搏奋斗的好时光，不必浮躁慌张。天上只会掉刀子，脚踏实地走好每一步比什么都强。"

有这么一个故事：找一群小朋友，每人分一颗糖。如果立刻把糖吃掉，就只有那一颗糖；如果五分钟后吃掉，再奖励一颗糖。有些小朋友迫不及待地把糖吃了，另一些小朋友耐心等五分钟，获得两颗糖再吃。事实证明，选择耐心等待的这部分小朋友，在生活和学习中更有耐心。这个故事说明，延迟满足比即时满足更能培养一个人的耐心和韧性。

"不要急于要回报"似乎不符合现实需要，如果按照鸡汤文的理解确实如此。但不同于鸡汤文的是这个"急于"的情况。如果让作为月光族的你选择每月拿工资和到年底多拿一万块工资，你肯定会毫不犹豫地"急于求回报"，因为月光族下个月没钱的话必定捉襟见肘。所以急不急是一种很主观的感受，要根据实际情况具体分析。

不经过踏实努力而得来的东西，就像小说里的人物修炼，强行拔高修为，最后会因根基不稳而掉下神坛。匠人的作品也需要在努力的浸泡、时间的沉淀中细细打磨改进，最后才呈现出其伟大。从来没有人能随随便便成功，速成更是无稽之谈。如果能做到速成，那么经过一天培训就上岗的外科手术医生，谁敢上他的手术台呢？

　　不必着急，不必羡慕，选择正确的方式努力，你想要的上天一定都会给你。这个期限永远无法预知，我们唯一能做的就是耐心等待、咬牙坚持，期限会随着你的踏实努力而一步步缩短。